과학으로 세상보기

이인화 저

도서출판 동화기술

머리말

사람이 세상을 인지하는 가장 중요한 도구는 무엇일까요?

엄마 뱃속에서 세상에 처음 나온 갓 난 아기들은 무엇을 인식할까요? 따뜻하고 추운 것 혹은 밝고 어두움이나 두려움에 대한 경계 같은 것일까요? 사람이 성장해 가면서 차차 오감을 통하여 세상을 인식하고 말을 배워 부모로부터 습득을 통하여 인간은 성장해 갑니다. 또한 학교에서 교육을 받으며 인간은 지식을 습득하게 됩니다. 이러한 과정에서 사람들은 세상에 대한 자기의 주관과 인식의 체계를 갖추어 가고 결국 한 사람의 성인으로서 세상을 보는 자기의 능력을 완성하여 간다고 할 수 있습니다.

이러한 인간의 성장 과정에서 각자 개인들이 세상을 보는 관점은 자라나는 환경, 직 · 간접 경험, 지식의 습득에 의하여 좌우될 것입니다. 이러한 과정에서 사람이 세상을 바라보는 시각은 자신의 가치관에 의하여 달라질 수 있습니다. 그러나 우리가 살아가는 이 세계는 사실 하나의 세상일 것입니다. 있는 그대로의 세상, 존재하는 자연을 존재하는 그 자체로 본다는 것이 과학의 시발점이라는 생각이 듭니다. 과학과 기술은 항상 사실을 밝혀가는 과정에서 토대를 쌓고 또 그 토대를 발판으로 발전해 왔습니다.

필자는 자연과학 및 공과대생을 20여년 교육하면서 교육의 궁극적인 목적, 아니 소위 공부라는 것은 왜 해야 하는지를 자꾸 되묻게 됩니다. 중고등과정을 거쳐 입시에 시달리면서 대학에 들어온 신입생들은 공부라는 피로감에 지쳐 있는 모습을 종종 보게 됩니다. 많은 학생들이 지식의 습득을 대학에 들어가는 도구 정도로 생각하는 것 같습니다. 공부, 즉 지식의 습득을 통하여 세상을 보다 깊이 있게 인식하는 도구로서가 아닌 하나의 과정으로만 여기고 청춘을 바쳐 얻은 지식이 그저 성적표의 점수로서만 남는 것은 아닌지 하는 생각이 많이 듭니다. 만일 그렇다면 참으로 안타까운 일입니다.

초등학교에서 대학교를 마치고 사회에 나가 직업을 가지고 사회활동을 하는 졸업생들은 학교에서 배운 것과 사회에서 생활하는 것은 많은 차이가 있다고 말합니다. 그 말의 의미는 두 가지로 해석됩니다. 이론과 실제와의 차이와 학교에서 배운 지식이 사회에서 낳이 활용이 안 된다는 것입니다. 이것은 교육자의 입장에서 보면 매우 심각한 문제입니다. 이론과 실제가 다르다면 사실 실제가 맞는 것이고 학교에서 배운 지식이 사회에서 많은 도움이 되지 않는다면 학교 교육에 문제가 있다는 것이기 때문이지요. 십여 년간 국어, 수학을 배웠지만 정작 글을 쓰기가 어렵고 미적분을 배우고도 변화율에 대한 응용을 하지 못한다는 것은 분명 문제가 있는 것입니다. 화학과 물리를 중학교, 고등학교 그리고 대학에서도 배우고도 정작 이 세상의 물질과 현상에 대해서 연관을 짓지 못한다면 과연 교육은 왜 한것이며 공부를 그렇게 열심히 한 이유는 무엇인가요? 대학에 입학하기 위하여 그리고 대학에서 학점을 얻어 졸업을 하기 위하여 공부를 한 것은 아니라고 생각합니다. 공부를 하고 지식을 습득하는 이유는 그것을 통하여 세상을 이해하여 보다 깊이 있게 바라보고자 하는 것이 아닐까요?

이 책의 가장 큰 목적은 과학을 통하여 세상을 이해하는 것이 그리 어렵지 않다는 것을 알게 해주는데 있습니다. 우리가 섹스피어나 김소월과 같은 문호의 작품을 알지 못하면 사실 부끄러워하고 소위 무식의 소치로 생각하지만 열역학 법칙은 알지 못해도 세상을 사는데 아무 어려움이 없다고 생각하는 경향이 있습니다. 사실 세상을 살아가는 데는 문학도 필요하고 과학도 필요하지만 실생활에 도움을 주는 것은 과학적인 사고가 더 도움이 된다고 생각합니다. 현대를 살아가면서 자동차를 운전하고 가스로 난방과 요리를 하고 많은 가전제품을 사용하고 있지만 사실 그것에 대하여 몰라도 살아가는 데는 큰 지장이 없을 것입니다. 고장이 나면 애프터서 비스 전화번호가 더 도움이 되는 것이 사실이지요. 그러나 과학이나 기술을 이해하는 것이 꼭 살아가는 도구로만의 목적은 아닙니다. 보다 삶을 풍부하게 하고 세상을 보는 인식을 깊게 하고 다가오는 미래사회에 대한 혜안을 갖게 하고 자연에 대한 사람으로서의 도리를 알게 하는 가장 정확하고 유용한 도구입니다.

과학을 알면 세상이 보입니다. 알고 나면 답답하지 않습니다. 그리스의 철학자 플라톤은 인간은 동굴 속에서 밖의 밝음을 추구하는 이데아 사상을 통하여 인간이 어둠으로부터 탈출할 수 있다고 하였습니다. 이러한 점에서 매우 간단한 과학적 지식일지라도 세상에 적용하여 이해하면 우리는 보다 이상적인 삶에 다가갈 수 있지 않을까요?

과학이 어렵다고 생각하는 사람이 많습니다. 사실 과학은 어려운 것인데 알면 쉽습니다. 보통 어렵다는 것은 다소 복잡하거나 생소한 것입니다. 복잡한 것을 간단히 하고 생소한 것은 친해지면 됩니다. 먼저 그렇게 시작하고 싶습니다. 시작이 반이라고 했지요. 천천히 노를 저어 보다 가까운 곳에서 많은 것을 보게 되는 항해를 시작하고 싶습니다. 과학에 대한 기본적인 지식이 없더라도 어렵지 않게 다가갈 수 있도록 노력했는데 혼자만의 생각이 아닌지 하는 두려움도 큽니다. 먼저 시작하고 점차 바꾸어 가도록 하자는 각오로 용기를 내보았습니다.

2016. 8.

이 인 화

차 례

제 6 장 도구가 세상을 바꾼다 • 141

제1장

세상은 무엇으로 만들어지는가?

과 학 으 로 세 상 보 기

1.1 | 옛사람들의 생각 엿보기

"세상은 무엇으로 만들어졌는가?"라는 질문은 과학의 역사라는 측면에서 보면 매우 오래된 것이며 어쩌면 사람들이 자연에 대한 의문을 가지면서 최초로 던진 질문일 수도 있다. 인간들이 신화를 만들어 자연에 대한 경외심을 표현할 때의 질문은 "세상을 누가 만들었는가?"하는 질문이었다. 즉 정교하고 규칙적인 자연현상이 만들어지기 위해서는 절대자의 꼼꼼한 설계에 입각하여 만들어졌을 것이라 생각했던 것이다. 누가 세상을 창조했다라고 한다면 세상이 무엇으로 어떻게 만들어졌다고 의문을 가질 필요가 없었을 것입니다. 사람은 사람으로서 생명을 불어 넣어 만들어지고, 동물 혹은 식물들이 각각의 형상대로 만들어져 생명을 갖게 한 것이라 여기면 무엇으로 어떻게 만들었는가에 대한 의문은 오히려 자연을 창조한 창조자에 대한 도전으로 받아들여질 수도 있다. 그러나 자연을 탐구하는 과학적 사고는 동양과 서양에서 각각 다르게 접근하였다. 먼저 서양 문명이 태동한 그리스에서 탈레스(Thales; BC 624~546)라는 밀레투스 지방의 철학자는 역사에 기록된 최초의 자연의 물질 구성에 대한 최초의 질문과 해답을 내놓은 사람일 것이다. 즉 "세상의 만물이 무엇으로 만들어지는가?"라고 묻고 사물이 존재하게 한 하나의 원리(arche)를 알고자 한 것이다. 탈레스는 세상의 만물의 근원으로 물을 제시하였다. 그는 모든 생물은 물을 포함하며 또한 물 없이 살아갈 수 없다는 것을 알고 있었다. 물이 생명과 변화의 근본 원인으로 생각한 것이다. 탈레스의 질문과 결론은 현대에 사는 우리에게는 다소 유치해 보이지만 자연 생태계의 가장 중요한 인자가 물이라는 점에서 그리 크게 틀린 말은 아니다. 화성이나 달에서 인간이 가장 찾고 싶어 하는 것도 물이 아니던가? 또 하나 중요한 점은 인간이 세상의 근원에 대하여 과학적인 태도로 생각해보기를 시작했다는 점이다. 단순한 공상이나 신화적인 접근이 아니라 자연과학적인 태도로 질문과 답을 구한 것이다.

만물의 근원을 보다 다양하게 제시한 철학자가 엠페도클레스(Empedocles; 402~432)이다. 그는 만물의 근원은 하나의 물질이 아니라 물, 불, 공기 그리고 흙의 네 가지 원소로 구성된다고 생각하였다. 이 네 가지 물질이 사랑하면 결합하고 미워하면 분리되는 과정을 통하여 만들어진다는 '다원적 사고'의 길을 제시하였다. 다소 인간적인 감정을 가지고 세상을 설명하려는 점이 있지만 지구를 하나의 거대한 생명체로 보는 '가이아 이론'과 일맥상통하는 점도 발견할 수 있다. 다원적 사고로 세상 바라보기는 계속 발전하여 아낙사고라스(Anaxagoras; BC 500~425)는 세상 만물이 '무수한 씨'에 의하여 생겨나고 이것이 상호 운동하여 세상이 만들어지는 것이라 하였다. 이러한 상호운동을 하게 하는 힘을 누우스(nous)라 하였는데 이것이 바로 이성이고 세상을 움직이는 원인이 '생각하는 능력'에서 비롯된다는 것이다. 세상의 만물이 만들어지는 원리에 인간의 생각을 연관 지으려는 태도는 어쩌면 자연스러운 것으로 볼 수 있다. 물질에 의하여 생명이 만들어지고 여기에 연혼이 깃들어져 있다고 하는 것은 현대과학으로도 풀리지 않은 숙제라는 점에서 더없이 당연하고 훌륭한 생각이지 않을까? 이천 오백년 전의 사람들이 세상을 바라본 근본적인 생각은 과학이 탄생하는 원동력이 되었다.

이성과 같은 정신적인 요소를 배제하고 순수하게 물질로 이루어져 있다고 보는 사람들도 있었다. 우리는 이러한 관점을 '유물론'이라 칭하는데 이러한 학파로 레우키포스(Leucippus; BC 5세기경으로 추측)와 그의 제자 데모클리투스(Demokritos; BC 460~370)이다. 이들은 세상의 근본 단위로 원자(Atoms)를 제시한다, 즉 세상의 만물을 자르고 잘라 더 이상 자를 수 없는 기본적인 단위가 존재할 것이라 생각하였고 이를 'atomos'라 하였다.(tomos는 '자르다'라는 의미인데 a- 란 '아니다'라는 부정의 의미로서 '더 이상 자를 수 없는' 이라는 의미가 된다.) 이 단어는 근대에 와서 원자(atom)의 어원이 되었다. 이 원자들이 분열과 운동을 통하여 다양한 물질을 만들어내고 사람의 정신이라는 것도 아주 미세한 원자들의 산물이며 생물의 죽음도 이 원자의 해체과정으로 이해한다. 즉 사람의 감정이나 인식도 원자의 운동에 기인한다고 생각하는 것이다.

한편 동양에서는 서양보다도 오래전부터 음양오행설로 우주 만물의 이치를 설명하고자 하였다. 이러한 생각은 누가 언제부터 사용했는지 알 길이 없지만 중국의 고대 철학의 한 축을 형성하였다. 이러한 음양론은 세상의 이치를 설명하는데 훌륭하여 오랜 세월 동안 특별한 모순없이 한의학과 같은 의학 분야까지 광범위하게 적

그림 1.1 팔괘의 기호 및 명칭

용되어 왔다. 음양오행이란 음양 사상과 오행사상을 합친 것이다. 음양 사상은 은, 주대 천명사상을 바탕으로 하늘의 뜻과 땅의 뜻이라는 신의 흐름이 하나로 만났다는 것에서 유래되었다고 하는데 단순한 이분법이 아닌 우주를 상대적인 원리로 파악한다. 오행이란 우리가 익히 알고 있는 목, 화, 토, 금, 수를 말한다. 오행이라는 말은 공자의 저서로 알려진 '서경'에서 처음 등장하는데, 다섯 기운이 우주의 법칙에 따라 서로 순환하며 동적으로 작용함으로서 자연의 법칙을 만들어 낸다는 원리이다. 왜 5인가 하는 것은 동서남북과 같은 4가지 요소에 중심이라는 한 가지 요소를 더하면 2차원적인 설명이 가능하기 때문으로 파악된다. 이러한 음양오행설은 더욱 발전하여 '주역'에서는 팔괘라는 기호를 사용하여 우주를 공간과 시간의 동적구성으로 파악하는데 까지 발전하게 되고 이러한 음양론은 서양에까지 알려져 이진법의 기초로 활용되기도 하였다. 이처럼 지금은 확인하기 어려운 역사이전의 시대에서도 사람들은 우주의 원리를 파악하고자 하는 노력을 하였으며 이러한 노력의 결과로 심오한 이론이 탄생하게 되었다고 볼 수 있다.

서양과 동양 사상에서 말하는 여러 '생각' 들이 현대에서 얼마나 과학적이고 사실적인 이론인가 하는 것을 따지기 이전에 우리가 생각해봐야 하는 것은 옛 선인들이 '얼마나 큰 '범주'로 이 세상을 설명하고자 하였는가'이다. 이러한 생각의 범주는 사실 우주 전체의 원리를 담고자 하였고 수 천년동안 인간의 생각을 지배하여 왔다는 점에서 위대한 생각이라고 하지 않을 수 없는 것이다.

1.2 | 원자론의 부활

원자론은 달톤에 의해서 다시 부활된다. 존 달톤은 1803년 맨체스터 문학철학회에서 당시에 알려진 몇몇 화학원소에 대하여 상대적인 원자량(원자의 질량)을 제안하였고 10년 정도의 세월이 지난 후에 서구적인 화학자들에 의하여 달톤의 원자설을 받아들었다. 기상학과 대기에 관심이 많았던 달톤은 혼합기체와 액체에 녹아있는 기체의 설질에 대해 연구를 하여 물질들을 이해하는 방법으로서 기본 입자가 얼마나 무거운지를 측정하는 것이 필요하다는 것을 확신한다. 다양한 원소의 원자량을 직접 측정하는 것은 당시의 과학기술 수준으로는 불가능한 일이었지만 상대적인 무게가 얼마나 되는지를 아는 것은 가능하다고 보았다. 이러한 생각 하에 가장 가벼운 수소의 원자량을 1로 하고 이 원자량을 기준으로 다른 화학원소의 원자량이 얼마나 되는지를 알아내려 하였다. 오늘날에도 원자량 또는 분자량의 단위를 달톤(Da)이라 하는데 이는 이러한 달톤의 연구업적에 대한 경의라고 볼 수 있다. 달톤은 너무도 작은 원자들을 기본입자 차원에서 어떻게 결합하여 분자가 되는지에 대하여 상상력을 발휘하였다. 액체상태의 물이 수소와 산소의 결합에 의하여 만들

그림 1.2 원자론을 부활시킨 영국의 화학자 존 달톤(John Dalton: 1766~1844)

어진다는 것은 당시 알려진 사실이었으며 이 물질의 분자가 어떤 상태로 결합되었는지에 대한 모습은 알려지지 않았을 때이다. 달톤은 산소원자와 수소원자가 결합하여 물이 된다고 가정하였다. 오늘날의 화학식으로는 O−H가 되는 것이다. 그리고 수소원자 H의 원자량이 1이라 할 때 산소원자는 수소 분자의 8분의 7을 차지하고 수소는 8분의 1이 되어야 한다고 적용하였다. (오늘날 물은 H_2O로 표시하고 수소원자가 2개 산소원자가 1개로 결합되어 있어 분자량은 18g이며 수소(2g)와 산소(16g)의 무게비는 1:8이다.)

여기서 원자와 원소의 차이를 잠깐 설명한다. 원자란 앞에서 설명한 바와 같이 그 성질을 유지한 채 더 이상 쪼갤 수 없는 물질을 지칭하는 의미로 쓰인다. 가령 "물은 한 개의 산소원자와 두 개의 수소원자로 되어 있다"라고 한다. 반면 원소란 원자번호에 의해서 구별되는 한 종류만의 원자(原子)로 만들어진 물질 및 그 원소 물질의 구성요소를 말한다. 즉 "금(金, gold)은 한 가지 원소로 이루어진 물질이다."라고 할 때 금이란 원소로서 더 이상 쪼개 수 없는 단위물질의 정성적인 개념으로 사용되고 있다. 원소의 종류는 원자번호의 존재 가능한 수치의 수 만큼이고 현재까지 지구상에 100종 정도가 인정되어 있다.

달톤은 비슷한 과정을 탄소, 질소, 황, 인과 같은 우리생활 주변에서 쉽게 접할 수 있는 원소에 적용하여 논문에 6개의 원자량에 대한 결과를 실었다. 1808년에 출간된 "화학철학의 새로운 체계(New system of Chemical Philosophy)에서 분자는 원자로 구성되며 한 원소의 모든 원자들은 성질이 같고 질량도 같으며 다른 원소들은 성질과 질량이 다르다는 사실과 원자는 바뀌거나 파괴될 수 없지만 서로 다른 원소가 일정한 비율로 결합하여 매우 복잡한 물질을 만든다는 원자론을 주창하였다. 이후에도 다양한 원자설이 제기되어 물분자가 2개의 수소로 되어 있다는 것과 산소의 원자량이 수소의 16배가 된다는 등의 다양한 주장들이 나오면서 물질의 구조가 보다 정확하게 표현되었다. 이러한 원자설은 물질의 표현을 근본적으로 바꾸어 놓았다. 물질을 원자라는 기호로 명쾌하고 간략한 형태로 표현하면서도 물질에 대한 정보를 전달하게 된 것이다.

그럼 이쯤에서 세상이 만들어지는 기본 단위는 원소라는 사실과 그 수에는 한정이

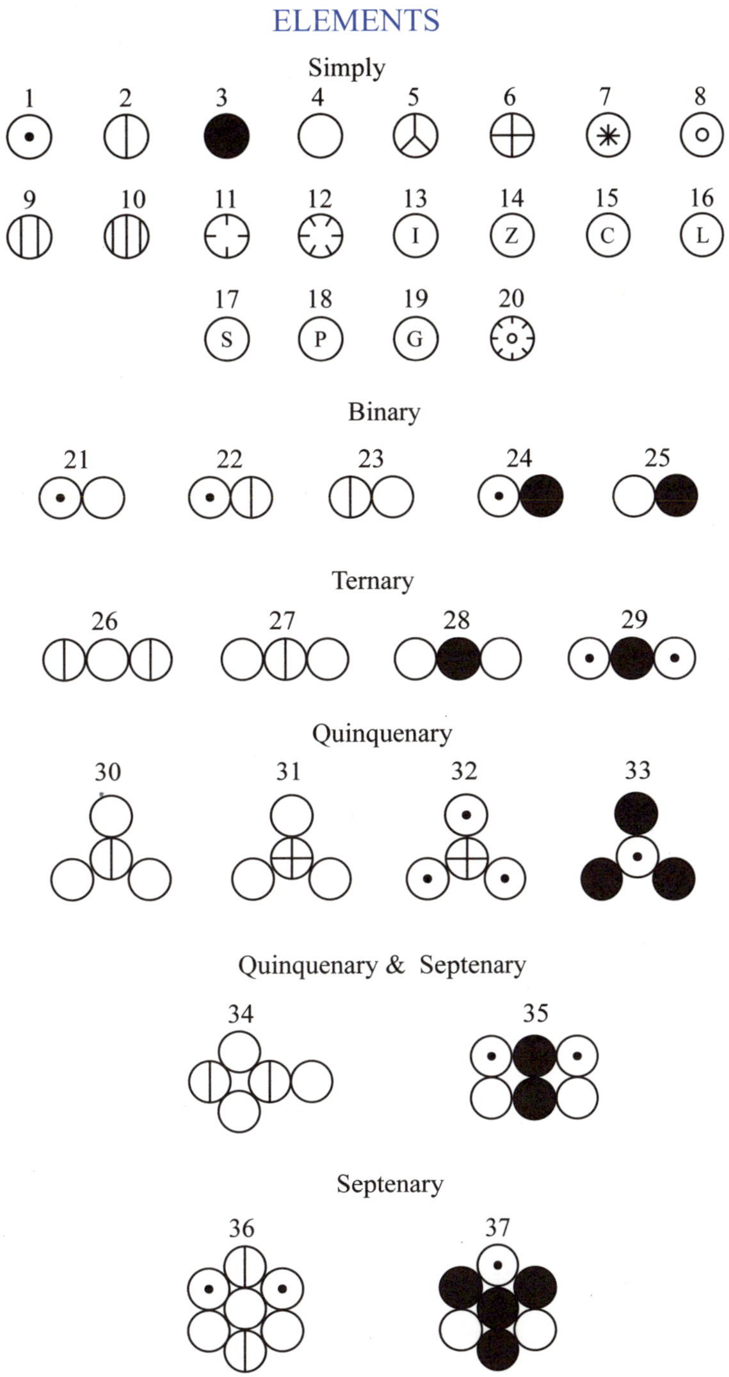

그림 1.3 달톤의 원자와 원자로 구성된 분자 구조의 표현

있다는 것이 이해가 되어야 할 것이다. 즉 이 우주를 이루는 물질의 기본단위는 100종 정도의 기본 재료를 바탕으로 만들어지는데 그 원소들은 서로 결합하여 다양한 물질을 만들어 내는 것이다.

노자의 도덕경 제 일장의 마지막에 다음과 같이 구절이 있다.

현지우현(玄之又玄) 중묘지문(衆妙之門). 해석하자면 다음과 같다. "가물고 또 가물다. 모든 묘함이 이곳으로부터 나오지 않는가." 원소란 모든 물질이 만들이지는 재료가 되고 그것은 매우 복잡하고 묘한 세상을 만든다는 점에서 위 구절과 상통하는 바가 있다.

그런데 이러한 원소들은 순서가 있고 규칙적으로 만들어져 있다는 것이다. 마치 누가 물질을 설계라도 한 것처럼 일련번호가 매겨져 있고 또 번호가 반복적인 규칙성을 가지고 배열될 수 있다는 것이다. 생각할수록 참으로 신기한 일이 아닐 수 없다. 그리고 세상의 모든 묘한 물질들이 다 이 안에서 만들어진다는 것이 또한 경이로운 일이다.

동양에서 한자 학습지로 유명한 '천자문'에 첫 구절은 천지현황 우주홍황(天地玄黃 宇宙洪荒, 하늘과 땅은 검고 누르며 우주는 넓고 크다)으로 시작된다. 이 우주는 넓고도 크지만 이 우주 안에 물질들은 모두 주기율표 안에 있는 물질로 만들어진다. 아니 아직도 만들어지고 있다. 저 우주 속에 빛나는 별들이 이러한 원소를 만들어 내는 공장인 것이다.

1.3 | 원자속으로

더 이상 쪼갤 수 없을 것 같았던 원자도 오늘날에는 서로 합쳐지거나(핵융합) 깨질 수 있다는(핵분열) 것을 알았고 실제로 이런 일이 일어나게 하고 있다. 사실 우리가 매일 아침 맞이하는 태양도 핵융합에 의하여 에너지를 얻어 이글거리며 타고 있다. 이제 원자가 어떻게 구성되어 있는지 알아야 서로 합쳐지든지 쪼개지든지 하는 현상을 알 수 있을 것이다.

그림 1.4 우주의 은하

그런데 원자는 너무 작아 볼 수가 없다. 우리가 본다는 것은 반사된 빛이 눈으로 되돌아와서 감지하는 것인데 빛의 파장보다도 작은 원자에 반사되지 않으니 볼 수가 없다. 그래서 과학자들은 간접적인 방법으로 원자를 들여다보았다. 과학적 증명을 위해서는 직접 들여다보지 못해도 간접적인 현상이나 논리적인 추론을 통하여 사실을 이끌어내는 경우가 있다. 특히 아원자의 세계는 어떠한 도구로도 그 내부를 볼 수가 없기 때문에 간접적이거나 부수적인 현상을 통하여 알아내야 한다.

크리스티나 로제티[1]의 "누가 바람을 보았는가?" 라는 시를 인용해 본다.

누가 바람을 보았는가?
나도 당신도 볼 수 없었네
그저 바람이 나무를 스치울 때
가지에 매달린 나뭇잎의 떨림을 보고 알 뿐
누가 바람을 보았는가?
나도 당신도 볼 수 없었지

1 크리스티나 로제티(Christina G. Rossetti, 1830~1890)는 영국 런던에서 태어나 어린 시절부터 시 쓰기를 좋아한 천재적인 여류시인이다. 남긴 시집으로 『Sing Song』, 『고대로 닮은 초상화』, 『행렬』등 시집을 냈으며 『비망록』이란 소설을 쓰기도 했다. 평생을 질병에 시달리면서도 종교적 경건과 헌신 속에 살았다.

나무가 인사하듯 몸을 구부릴 때
바람이 지나갔다는 것을 알 수 있을 뿐.

Who Has Seen the Wind?

(Christina Rossetti, 1830~1894)

Who has seen the wind?
Neither I nor you:
But when the leaves hang trembling,
The wind is passing through.
Who has seen the wind?
Neither you nor I:
But when the trees bow down their heads,
The wind is passing by.

우리가 바람을 볼 수 없어도 우리는 바람이 부는 것을 인지할 수 있다. 바람이 일으키는 변화를 보고 간접적으로 아는 것이다.

과학은 이러한 볼 수 없는 것에 대해서도 여러 가지 도구를 사용하여 변화에 따른 현상을 해석하여 알 수 있게 한다.

원자의 구조는 어떻게 알게 되었을까?

전자의 발견

화학의 발달은 연금술을 통하여 물질과 물질 사이의 관계인 화학반응에 대해 많이 알게 되었고 그러한 화학반응을 체계적으로 설명하기 위해 원자의 존재가 가정되고 원자의 주기율표 등 원자에 대한 많은 연구가 이미 18세기까지 이루어지게 되었다. 그러나 원자 자체가 '어떻게 생긴 것일까?'라는 의문을 제기하는 일은 지금으로부터 100년 전 (18세기말) 톰슨(Joseph John Thomson, 흔히 JJ 톰슨이라고 부름)에 의해 전자가 발견된 이후에야 가능하였다. 톰슨은 러더퍼드가 공부하였던 캐

번디시 연구소 소장으로 러더퍼드를 지도한 사람이다. (톰슨은 1906년 노벨 물리학상을 수상하였다.) 물질의 기본 단위는 분자이고 분자는 다시 원자로 이루어져 있는데, 엉뚱하게 원자와 아무런 연관도 없어 보이는, 원자보다도 더 기본적인 것처럼 보이는 전자라는 존재가 발견된 것이다. 이것이 당시 학자들을 상당히 혼란스럽게 만들었던 것 같다.

18세기말 유럽에서 물리학자들은 유리관의 공기를 모두 뽑아내고 (진공으로 만들고) 그 안에 아르곤이나 네온과 같은 불활성 기체를 채운 다음 전압을 걸어주어서 만든 오늘날 네온사인과 같은 빛이 나오는 튜브를 만들어 당시에는 신기로운 것으로 여겨졌다.

음극선관은 진공관의 공기를 더 많이 뽑아내고 (진공의 정도를 더 높이고) 관의 양쪽에 아주 높은 전압을 걸어주었더니 그림과 같이 진공관 내에서 푸르스름하게 무엇인가가 흐르는 것을 발견하였다. (이 관을 '음극선관'이라 부른다.) 이것은 아주 놀라운 발견이었다. 이것은 전기가 흐를 때 흐르는 것임이 분명하였다. 이렇게 흐르는 것이 무엇인지 좀 더 자세히 실험해 보니 아주 작은 입자들의 흐름이라는 것을 알게 되었다. 그래서 이것을 전자라고 불렀다.

톰슨의 음극관 실험모습과 장치이며 유리관을 진공으로 만들고 높은 전압을 걸어주면 전기장을 걸어주는 방향에 따라 음극선의 진로가 바뀐다.

톰슨은 자신의 실험 결과로부터 다음과 같은 세 가지 가정을 내놓았다.

① 음극선관에 흐르는 음극선(푸르스름한 흐름)은 전하를 띈 입자이다.
② 이 입자가 원자를 구성한다.
③ 원자 속에는 이 입자만 들어있다.

톰슨의 이 세 가정 중 처음 두 가지는 옳음이 판명되었다. 그렇지만 마지막 세번째 가정 즉 원자는 전자만으로 이루어졌으리라는 가정은 러더퍼드가 원자 중심부에 원자핵이 존재함을 발견하고 나서 옳지 않다는 것이 밝혀졌다. 그러나 온 세상 만물의 궁극적 구성 요소는 원자라고 생각하였는데, 이 원자의 구성 요소를 발견한 것은 대단한 일이 아니겠는가? 그래서 이제 그러면 원자 속은 어떻게 생겼을까 추

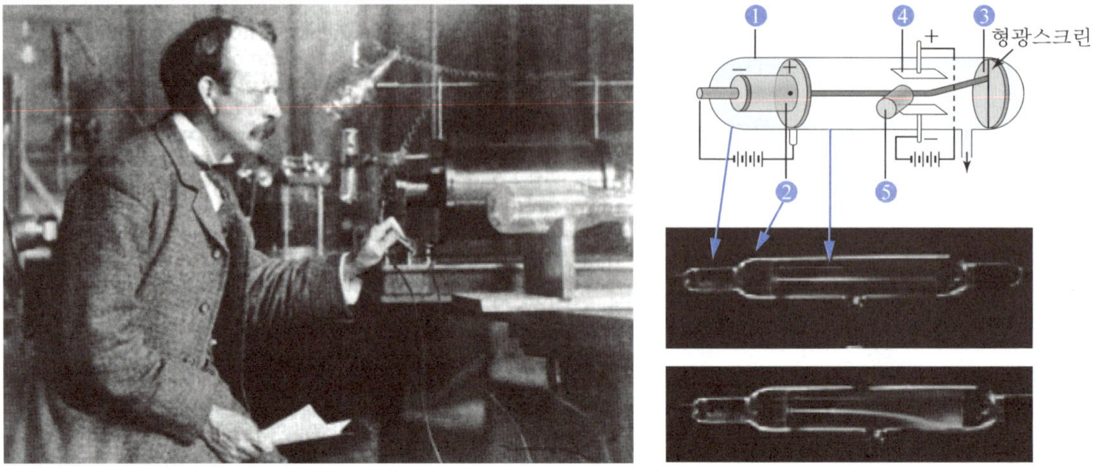

그림 1.5 톰슨의 음극관 실험모습과 장치이며 유리관을 진공으로 만들고 높은 전압을 걸어주면 ④의 전기장을 걸어주는 방향에 따라 음극선의 진로가 바뀐다.

측해 볼 수가 있게 된 것이다.

전자는 음전하를 띈 입자이다. 그런데 원자는 모두 전기적으로 중성이다. 그래서 만일 원자 속에 전자만 들어있다면 원자가 전기적으로 음전하를 띄어야 할 터인데 중성임으로 원자 속에는 양전하를 띈 물질도 포함되어 있어야만 한다. 그렇지만 전자처럼 원자의 구성요소이면서 양전하를 띈 존재는 당시에는 발견되지 않았다. 그래서 톰슨은 원자가 다음과 같이 생겼을 것이라고 가정하였다.

톰슨의 원자모형은 원자에 들어있는 양전하는 원자 내부에 구름처럼 골고루 펴져 있을 것으로 가정하였다. 단 이 물질은 질량을 갖지 않는 순수한 형태의 양전하라고 생각하였다. 이렇게 펴져 있는 양전하 속에 오른쪽 그림처럼 음전하를 띈 전자가 콕콕 박혀있다고 가정하였다. 이 원자에 대한 모형(가정)을 톰슨의 원자 모형이라고 부른다. 이 모형은 마치 초콜릿 알갱이가 듬성듬성 박혀있는 초코 쿠키와 비슷하기 때문에 '초코 쿠키 모형'이라고도 부른다.

톰슨의 원자에 대한 초코 쿠키 모형은 비록 러더퍼드가 원자핵을 발견 후에 곧 옳지 않음이 밝혀졌지만 그 전까지는 이 모형에 의해 여러 가지 화학 반응이 일어나는 원인을 그럴 듯하게 설명할 수 있었기 때문에 짧은 기간이었지만 학자들로부터 상당히 호응을 받았던 모형이었다.

원자핵의 발견

때는 1909년 영국 맨체스터 대학의 실험실에서 어니스트 러더퍼드(Enerst Rutherford)는 젊은 연구원에게 알파입자 산란실험을 하고 있었다. 알파 입자란 라듐(Ra)과 같은 방사성 원소에서 나오는 양전하를 가진 입자다. 그리고 전자에 비해서도 질량이 큰 입자라는 것도 알고 있었다. 이러한 알파입자를 마치 총알처럼 발사하여 백금으로 만든 얇은 막을 통과시켜 입자가 부딪혀 산란되는 현상을 보고자 한 것이다. 당시에는 원자의 구조에 대하여 알려진 바가 없었고 막연히 딱딱한 구형으로 속이 채워진 물질로 생각하고 있을 때이다. 그래서 러더퍼드도 입자가 휠 것으로 예상하고 있었고 실제 결과도 대부분 입자가 휘어져 검출이 되었다. 그러나 이상하게 알파입자 8000개 중 하나는 튕겨져 나오고 큰 각도로 산란하는 입자도 나타났다. 이러한 현상은 딱딱한 구형으로 만들어진 원자에서는 나타날 수 없는 현상이다. 오히려 목화솜과 같이 가운데 딱딱한 씨가 있고 주위에는 공간이 비어 있고 양전자를 휘게 하는 성질을 가진 솜과 같은 부드러운 것이 있어야 나오는 현상이다.

그는 2년간 고심하면서 원자에 씨(핵)가 존재한다는 결론에 도달한다.

모든 사물은 원자로 구성되고 원자속에는 중심에 전기적으로 양전하를 가진 핵이 있고 주위에는 음전하를 가진 물질이 있다는 것을 발견한 것이다.

그런데 이러한 사실에 의문을 제기한 덴마크의 물리학자 닐스 보어[2]가 있었다. "전기적으로 + 양전하와 − 음전하가 둘러싸여 있으면 서로 상쇄되어 붕괴되지 않고 존재할 수 있을까?" 그는 1912년 맨체스터의 러더퍼드의 실험실에서 연구하고 있었고 원자가 방출하는 에너지에 깊은 관심을 가지고 있던 상황이었다. 그는 당시에 알려진 몇 가지 사실에 기초하여 원자의 모형을 제시하였다. 다소 직관적인 가정을 통하여 다음과 같은 사실을 발표하였다.

2 닐스 헨리크 다비드 보어(덴마크어: Niels Henrik David Bohr, 1885년 10월 7일~1962년 11월 18일)는 원자 구조의 이해와 양자역학의 성립에 기여한 덴마크의 물리학자로서, 훗날 이 업적으로 1922년에 노벨 물리학상을 받았으며 노벨상을 받는 자리에 팔괘도의 복장을 입고 수상하여 주역에 대한 각별한 애정을 피력하기도 했다. 그가 노벨상위원회에 자신이 주역을 사랑하여 수상식 자리에서 팔괘가 그려진 옷을 입고 싶다고 주문했는데, 당시 위원회는 주역을 몰랐다. 그래서 부랴부랴 여러 곳으로 탐문하여 중국식당 주인이 그려준 팔괘가 그려진 옷을 겨우 구할 수 있었다고 전해진다.

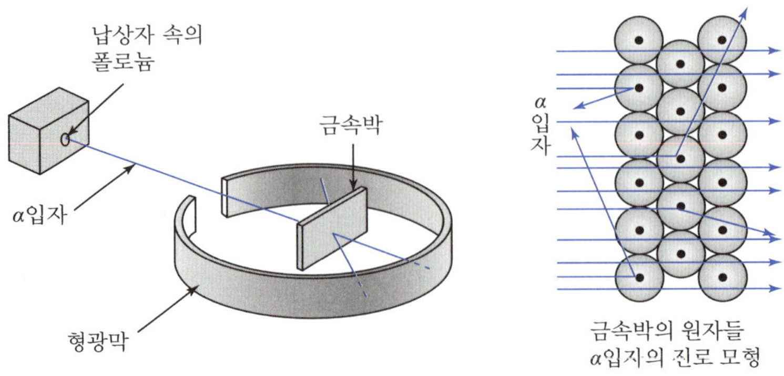

그림 1.6 레더퍼드의 α입자 산란 실험

"전자는 원자핵 둘레를 일정한 궤도를 그리며 돌고 있고 이 궤도는 전자의 운동 에너지와 핵이 끌어당기는 전자기력이 균형을 이루고 있다. 또한 전자는 특정한 궤도를 돌고 에너지 크기에 따라 일정한 궤도가 정해져 양자화되어 있다"는 것이다.

이러한 모형은 마치 태양 주위를 도는 지구를 포함한 행성들의 모습과도 비슷한 것이다. 이러한 모형은 그 후에 많은 수정을 거쳤지만 전자가 양자화되어 있어 일정한 궤도만을 취할 수 있다는 개념은 오늘날에도 입증받고 있다. 새로운 원자의 모습이 탄생한 것이다.

현대에 와서 전자궤도는 오비탈이라 칭한다. 오비탈은 orbit(궤도)+ al(~스러운, 접미어)의 합성어로 '궤도스러운'이라는 의미를 가진다. 즉, 실제 궤도(orbit)는 아니지만 그와 매우 흡사한 형태와 특징을 지녔다는 것을 의미한다. 오비탈의 특징

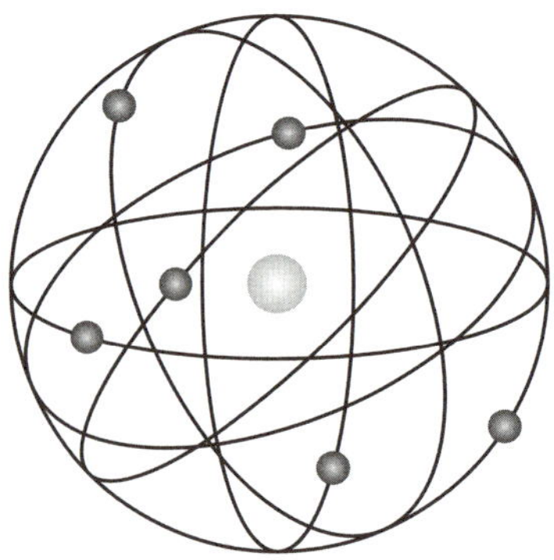

그림 1.7 닐스 보어의 원자 모형

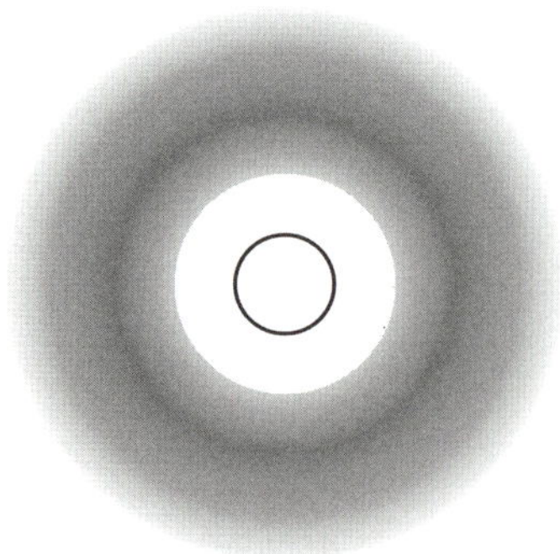

그림 1.8 현대의 원자 모형

때문에 여러 가지 다른 명칭으로 부르기도 한다. 다른 명칭으로는 '원자 궤도함수', '원자 파동함수', '전자구름' 등이 있다.

오비탈은 양자역학적으로 규명된 원자의 모양이다. 양자역학에 의해 핵 주위를 도는 전자의 정확한 위치는 존재하지 않으며 알아낼 수 없고 오로지 확률만을 측정할 수 있을 뿐이라는 것이 밝혀졌다(하이젠베르그의 불확정성원리). 오비탈을 전자구름이라 칭하는 이유도 여기에 있다. 전자들은 정확한 궤도를 도는 것이 아니라 핵 주위에 확률로서 존재하는 것이다. 물리적 계산을 통해 도출된 '각 지점에서의 전자발견 확률'을 점으로 표시하면 점들에 의해 핵 주위에 구름이 퍼져있는 것처럼 보이게 된다. 즉, 전자를 확률적으로 나타낸 원자모양이 마치 구름을 형성한 것처럼 보이기 때문에 전자구름이라고 칭하기도 한다.

동양의 시를 인용하여 이러한 상황을 상상하여 보자.

전자 구름은 가도(賈島, 779~843 중국 당나라 때 시인)의 시에 나오는 모습과 비슷한 면이 있다.

소나무아래에서 동자에게 물으니
대답하기를 스승임은 약초를 캐러 가셨습니다.
지금 산중에 계시오나
구름이 깊어 어디 계신지는 모르겠습니다.

松下問童子하니	(송하문동자하니)
言師採藥去라	(언사채약거라)
只在此山中이오나	(지재차산중이나)
雲深不知處라	(운심부지처라)

전자란 원자 속에 존재하지만 어디에 있는지는 정확히 알 수가 없다. 그저 확률적으로 전자 궤도 안에 존재하는 것이다.

세상 물질의 가장 작은 물질 구성단위인 원자 안에서 전자는 어디에 정확히 있는지 알 수 없다. 다만 확실히 존재한다는 것을 알고 확률적으로 궤도 함수적으로만 계산이 가능한 것이다.

1.4 | 원자핵의 구성

원자는 원자핵과 전자로 구성되어 있다. 대부분의 원자의 질량은 원자핵이 가지고 있다. 이러한 원자핵의 질량이 원소의 질량을 좌우하게 되는 것이다. 원자핵에는 전기적으로 양의 성질을 가지는 양성자와 전기적으로 중성인 중성자가 있다. 이들의 질량이 합해져서 원자핵의 질량이 결정되는 것이다. 양성자의 개수와 중성자의 개수가 원자의 질량을 좌우하게 되는 것이다.

'원자량 = 양성자의 수 + 중성자의 수'가 된다.

세상의 물질을 구성하는 원자들은 제각각 무게가 다르다. 이 말은 양성자의 수와 중성자의 수가 다르다는 말과 같다. 그런데 이러한 양성자의 개수는 정확하게 숫자가 정해져 증가한다. 다시 말해서 양성자의 수에는 순서가 있고 그 순서는 1개씩 증가한다. 제일 가벼운 원소인 수소는 양성자의 수가 1이다. 그리고 그 다음으로 무거운 원소인 헬륨은 양성자의 수가 2이며, 배터리의 원료로 많이 쓰이는 리튬은 양성자의 수가 3개이다. 이렇게 양성자의 수가 증가하면서 원자는 무거워진다. 그리고 이 양성자의 수가 원자번호와 일치한다. 즉 양성자의 수가 그 원자의 번호를 결정하는 것이다. 양성자의 수가 바뀌면 원소는 다른 원소로 바뀌어져야 한다.

양성자와 중성자

양성자(proton)는 수소의 원자핵이며 전자의 1836배의 질량을 갖는다. 기본전하량에 해당하는 양전하를 가지며 중성자와 함께 원자핵의 구성요소로서 물질의 안정성에 기여하는 물질이다.

그러면 중성자의 수는 어떨까? 먼저 수소(H)의 경우 양성자가 1개인데 전체의 원자질량은 양성자와 전자의 질량과 같다. 다시 말해서 수소 원자는 중성자를 가지고 있지 않다. 수소의 핵은 1개의 양성자로만 구성되어 있다. 헬륨의 경우에는 양성자가 2개, 중성자가 2개이다. 그래서 헬륨의 원자량은 수소 원자 질량의 4배에 달한다. 수소보다 무거운 원소는 양성자와 중성자의 수가 같거나 많다. 보통의 원소에는 양성자와 중성자의 수가 같다. 그런데 간혹 중성자의 수가 몇 개 더 많은 원자들이 있는데 이러한 원소를 '동위원소'라 한다. 즉 같은 원소인데 중성자가 더 많은 만큼 더 무거워진다. 그러나 양성자의 수는 변함이 없기 때문에 원자번호도 같고 화학적인 성질도 같다고 본다. 예를 들어 탄소의 경우 양성자가 6개, 중성자가 6개 있다. 그래서 탄소 원자의 질량은 수소 원자의 12배인 12달톤이다(1달톤의 질량은 수소원자 1개의 질량과 같다).

중성자(neutron)는 원자핵의 구성물질의 소립자의 하나이다. 전자보다 1839배의 질량으로 양성자보다 약간 큰 질량을 갖는다. 전하를 갖지 않아 전기적으로 중성이다.

1.5 | 동위원소의 이용

천연에 있는 방사성 동위원소는 몇 가지 원인에 의해서 생겨난다. 하나는 원소가 생겼을 때부터 존재하는 것으로서 붕괴를 계속하고 있으며, 반감기가 아주 길기 때문에(수백만 년 이상) 현재까지 남아 있다. 토륨 · 우라늄 · 칼륨 등이 이에 속한다. 또 하나는 반감기가 짧아서 즉시 붕괴되는 동위원소이지만 어떤 원인에 의해 계속해서 새로 만들어지는 것이다. 이러한 것으로는 탈륨 · 납 · 비스무트 · 토륨 · 우라늄의 동위원소 및 비스무트와 우라늄 사이의 원소들이 있는데 이것들은 반감기가 긴 방사성 동위원소인 우라늄과 토륨이 붕괴할 때 생긴다. 이러한 원소의 반감기에 따라 지질학적인 연대 측정에 사용된다.

지질학적 연대측정의 예

적은 양이지만 우주선(宇宙線)에 의해서 대기 중에 방사성 동위원소가 생긴다. 예로는 우주선이 대기 중의 질소-14(N^{14})에 흡수되어 생기는 방사성 탄소-14(C^{14})이다. 이것은 안정한 동위원소인 C^{12}와 함께 생물조직 내에 있다. W. F. 리비는 이 조직 내에 흡수된 C^{14}의 반감기가 5,570년인 것을 이용하여 그것의 잔존 방사능을 측정함으로써 고고학과 지질학에 적용되는 방사성 탄소에 의한 연대측정법을 고안했다.

방사성 탄소 연대 측정법(放射性炭素年代測定法, Radiocarbon dating)은 탄소화합물 중의 탄소의 극히 일부에 포함된 방사성 동위 원소인 탄소-14(14C)의 조성비를 측정하여 그 만들어진 연대를 추정하는 방사능 연대 측정의 한 방법이다. 간단하게 탄소연대측정이라고도 부른다. 이 기술은 시카고 대학교의 윌러드 리비와 그의 동료들이 1949년에 발견하였다. 리비는 탄소-14를 이용하면 1분에 단위 그램당 14개의 14C가 붕괴한다는 결과를 얻었고, 이로 인해 1960년 노벨 화학상을 받게 되었다.

예를 들어 무령왕릉에서 발견된 천마도의 연대를 어떻게 측정하였을까? 천마도가 그려진 나무의 생성연대를 알면 언제 제작되었는지를 알 수 있을 것이고 바로 이 나무가 언제 베어져 사용되었는지를 측정하는 것이 탄소 연대측정이다. 그래서 탄소 연대측정이 가장 많이 사용되는 대상은 유기물이 포함되어 있는 고고학 유물이다.

대기 중의 탄소-14 비율은 일정했다고 알려져 있고 식물은 광합성, 동물은 호흡을 통해 대기 중에 있는 탄소를 주고 받기 때문에, 살아 있는 동물과 식물이 가지고 있는 탄소-14의 비율은 공기 중의 비율과 일치한다. 사후에는 외부와 격리된 상태에서 탄소-14만이 방사성으로 시간에 따라 감소하므로 반감기를 통해 경과시간 추정이 가능해진다.

탄소-14의 반감기는 약 5,730년이며, 이를 이용하여 6만년까지의 연대를 측정할 수 있다. 보정(calibration)을 거치지 않은 순 연대에 대해 흔히 1950년을 기준으로 거꾸로 올라가는 BP(Before Present)라는 단위를 쓰며, 보정을 통해 실제의 날짜와 일치시킨다. 1950년을 기준으로 삼는 것은 핵실험에 의해 대기중 탄소-14의 양이 인위적으로 변화한 시점이 1950년이기 때문이다. 보정에 있어서는 일반적으로 매우 오래동안 살아있는 나무를 이용한다. 나무 나이테는 화학적 성질이 같다는 점이 이용되는 경우도 있다. 어떤 원소의 행동을 알고자 할 때 그 원소에 미량의 방사성 동위원소를 섞어 그 원소의 행동을 추적할 수 있다. 특히 화학반응이 동반되는 경로를 추적할 때 많이 쓰인다. 이 동위원소를 추적자라고 한다. 동위원소는 화학분석에도 중요한 수단으로 사용된다. 특히 방사성 동위원소를 화학분석에 이용하면 정밀도가 매우 높은 분석을 할 수 있다

1.6 | 우주 만물이 원소주기율표 안에 있다.

우주를 구성하는 물질들의 일정한 규칙을 가지고 있다는 것은 생각할수록 흥미롭다. 일정한 순서와 반복성을 가지고 있다는 것은 원소 자체의 내부 구조에 규칙적인 요소가 있다는 것을 현상이 반영한 것으로 볼 수 있다. 과학자들이 원자의 내부를 모델화하고자 하는 노력은 원소들의 주기적인 성질을 가지고 있다는 것이 먼저 밝혀지고 그 토대 위에서 원자의 구조와 연결하고자 하는 노력이 뒤따랐다. 현재, 원소는 111종이 확인되어 있다. 물질을 구성하는 원소는 어떻게 탄생했을까? 그 과정을 살펴보기 전에, 여기에서는 먼저 자연계에 있는 원소의 종류를 살펴보자. 오른쪽 표는 현재 알려진 원소를 적은 '주기율표'이다. 주기율표는 1869년 러시아의 화학자 멘델레예프가 고안한 원소의 주기성에 바탕을 둔 원소 일람표이다. 당시에는 원소가 63종 밖에 알려져 있지 않았다. 그 후 차츰 새로운 원소가 발견되었으며, 현재는 111종의 원소가 확인되어 정식으로 이름이 붙어 있다. 하지만 111종의 원소 가운데 지구 상에 천연으로 존재하는 원소는 약 90종이다. 나머지는 인공적으로 합성한 원소이다.

원소에는 안정되게 존재하는 것과, 붕괴해서 다른 원소로 변하는 불안정한 것이 있다. 붕괴하는 시간(수명)은 각각의 원소마다 서로 다르다. 그 가운데는 수명이 한 순간 밖에 되지 않는 원소도 있다. 지구에 천연으로 존재하는 원소는 안정된 것과, 수명이 지구의 나이 이상으로 아주 긴 것이라고 한다.

이들 원소는 가벼운 것에서부터 차례로 합성되었으리라 생각된다. 주기율표로 말하면 원자 번호(양성자의 수)의 순서이다. 우주 초기에는 빅뱅에 의한 수소와 헬륨 등 가벼운 원소만 만들어졌다고 생각된다. 그 뒤 별의 내부에서 더욱 무거운 철

까지의 원소가 합성되었다. 그리고 철보다 무거운 우라늄까지의 원소는 별의 최후에 일어나는 대폭발에 의해 만들어졌다고 생각된다. 우라늄보다 무거운 111번 원소까지는 모두 인공적으로 합성되어 존재가 확인된 것이다. 그렇지만 원소가 111번까지로 끝나지는 않는다. 현재 여러 나라에서 새로운 원소를 발견하기 위해 노력을 기울이고 있다.

이 우주의 모든 물질들은 주기율표에 적혀져 있다. 저 우주 어딘가에서는 끊임없이 이러한 물질이 만들어지고 또 분해되고 있다.

원소들을 원자번호순으로 나열했을 때 화학적 성질이 비슷한 원소가 일정한 간격으로 반복하여 나타나는 성질이 원소의 주기율표이다.

원소들을 원자 번호순으로 가로 줄로 나열하다가 성질이 비슷한 원소들이 같은 세로 줄을 형성하도록 만든 원소의 분류표인 것이다. 이러한 주기율표는 모든 원소가 발견되기도 전에 고안되었다. 즉 원소에 대한 지식이 늘어나면서 각 원소들의 화학적 성질이 유사하다는 점에 화학자들이 원소의 규칙성에 주목한 것이다.

우주의 탄생

우주가 없으면 원소도 물론 존재하지 않는다. 원소의 탄생을 알기 위해서는 먼저 우주의 기원을 알아야 한다. 우주는 대략 137억 년 전에 탄생했다고 한다. 즉 우주의 나이는 약 137억 살 쯤 되는 셈이다. 우주는 빅뱅에서 시작되었다고 하는데, 그 빅뱅 이전은 어땠을까?

우주는 '무'에서 탄생했다고 한다. '무'란 빛도 물질도, 시간도, 공간도 전혀 존재하지 않는 세계이다. 물론 원소도 존재하지 않는다. 그리고 우리의 상식으로는 '무'에서는 아무것도 생기지 않는다.

그러나 미시 세계에서는 '무'가 항상 흔들리고 있으며, 약 137억 년 전에 그 흔들림에서 10^{-34}cm라는 초미시적인 우주 대칭성이 갑자기 파괴됨으로써 탄생했으리라고 생각된다. 현재에 이르기까지 137억 광년이라는 장대한 우주, 그리고 원소의 역사는 모두 그 초미시적인 우주에서 기원했다. 태양도 지구도 생명도 인간도 모두 이 초미시적인 우주에서 시작되었다.

그렇지만 이 우주의 기원은 망원경 등으로 직접 관측된 것이 아니라 이론적으로 생각된 결과이다.

그렇다면 아무것도 없는 '무'에서 탄생한 우주는 하나뿐 이였을까? 이론상으로는 몇 개의 우주가 생겼다가 사라졌다고 한다. 혹시 우리 우주와 비슷한 다른 우주가 존재할지도 모르며, 그 우주에서도 원소, 그리고 별이나 생명이 탄생해 있을지도 모른다.

초미시적인 우주는 어떻게 해서 현재의 광대한 우주가 되었을까? 우주가 탄생하고 나서 10^{-34}초 뒤, 초미시적인 우주는 급전개를 맞이했다. 불과 10^{-34}초 만에 10^{100}배로 급팽창한 것이다. 이것은 '인플레이션'이라고 한다.

10^{-34}초란 1초의 1조분의 1에 1조분의 1을 곱하고, 다시 100억 분의 1을 곱한 아주 짧은 시간이다. 10^{100}배란 예컨대 지름 1mm의 참깨 알갱이가 지금 100억 광년의 크기로 불어나는 것과 같은 급팽창이다.

진공의 에너지가 빛과 물질로 변했다.

우주는 생기자마자 인플레이션을 일으켰다. 그러면 인플레이션의 급팽창을 일으킨 원동력은 무엇이었을까? 그것은 '무'에서 탄생한 우주가 지니고 있던 진공 에너지라고 생각된다. 공간을 서로 반발시키는 진공 에너지가 인플레이션을 일으켰던 것이다. 그러나 이때는 물질이 아직 탄생하지 않았다.

인플레이션의 급팽창이 한창일 때는, 높은 에너지 상태에 있는 진공이 낮은 에너지 상태에 있는 보통의 진공으로 바뀌는 '상전이(相轉移)'라는 현상이 일어난다. '물'이 더 낮은 에너지 상태에 있는 '얼음'으로 바뀌는 것과 같다.

그리고 물이 얼음으로 바뀔 때는 열을 방출한다. 마찬가지로 인플레이션의 종료와 더불어 진공 에너지가 모두 열에너지로 한꺼번에 해방되었다. 이리하여 상전이 뒤의 우주는 빛에너지로 가득 찬 뜨거운 불꽃 우주가 되었다. '빅뱅' 우주의 탄생이다.

빅뱅의 초기에는 원소의 바탕이 되는 물질도 만들어졌다. 열에너지는 물질로 전환할 수 있다. 이때 물질과 함께 반대의 전하를 지니는 반물질도 만들어졌다.

처음에 'X입자'와 '반X입자'라는 소립자가 다량 만들어졌으며, 이윽고 그로부터 현재의 물질을 구성하는 최소의 소립자인 '쿼크'와 '랩톤' 그리고 그 반입자가 생겼다. 전자는 '랩톤'의 일종이며, 나중에 원소의 재료가 된다.

쿼크가 3개 모여 양성자와 중성자가 탄생했다.

빅뱅에 의해 우주에는 대량의 쿼크와 렙톤, 그들의 반입자가 탄생했다. 이때 렙톤의 일종인 전자와 양성자도 탄생했다. 물질과 반물질이 만나면 빛을 방출하고 소멸해버린다. 이를 '쌍소멸'이라고 한다. 우주의 온도가 낮아짐에 따라 쿼크와 반쿼크, 렙톤과 반랩톤 쌍소멸을 시작했다.

만약 빅뱅으로 만들어진 물질과 반물질의 수가 모두 같았다면, 물질과 반물질은 모두 소멸해 버렸을 것이다. 그러나 물질이 반물질보다 조금 많았기 때문에, 현재의 우주에는 소멸을 면한 물질만 존재하고 있다.

우주 탄생에서 약 100만~10만 분의 1초 뒤, 우주의 온도가 2조 K이하까지 내려갔을 때 그때까지 단독으로 날아다니고 있던 쿼크가 3개 모여, 나중에 원자핵을 이루게 되는 양성자와 중성자가 만들어졌다.

작열 상태의 우주에서는 양성자와 중성자가 뿔뿔이 흩어져 날아다니고 있다. 양성자와 중성자는 형제와 같으며, 우주의 온도가 2조 K정도일 때는 양성자가 중성자로 변하거나, 중성자가 양성자로 변하는 일이 빈번하게 일어났으며 수는 거의 같았다. 그러나 우주의 온도가 150억 K 이하까지 내려가자 양성자는 중성자로 변할 수 없게 된다. 이는 중성자 쪽이 0.14% 무겁기 때문에, 양성자가 그 질량 차이에 해당하는 에너지를 주변에서 조달할 수 없기 때문이다.

한편, 중성자는 양성자로 변신을 계속하기 때문에, 조금씩 중성자가 양성자에 비해 작아졌다. 이 중성자와 양성자의 수 차이가 나중에 우주의 형성에 커다란 영향을 미치게 된다.

양성자와 중성자가 융합해 수소와 헬륨이 생겼다.

양성자와 중성자가 변신할 수 없게 된 뒤에도 중성자는 양성자로 변신을 계속해,

최종적으로 양성자와 중성자의 비는 100대 22까지 낮아졌다. 우주 탄생에서 3분 뒤 더욱 온도가 낮아지자, 이번에는 양성자와 중성자가 충돌하고 융합해(핵융합) 원소의 원자핵이 여러 개 합성되었다. 이때 양성자와 중성자를 결합시키는 힘을 '핵력'이라고 한다.

먼저 양성자와 중성자가 융합하면 중수소 원자핵(양성자 1개와 중성자 1개)이 된다. 그리고 중수소 원자핵끼리 융합하면 삼중수소 원자핵(양성자 1개와 중성자 2개)과 양성자로 나누어진다. 다음에 삼중수소 원자핵과 중수소 원자핵이 융합하면 헬륨 원자핵(양성자 2개와 중성자 2개)과 중성자와 나누어진다.

이러하여 우주에는 수소 원자핵(양성자 1개)과 헬륨 원자핵, 그 밖에 가벼운 원소의 원자핵이 아주 조금 생겼다. 우주는 불과 이 정도의 원소로 시작되었다. 이때 전자는 원자핵과 결합해 원자를 만들 수 없었으며, 아직 뿔뿔이 흩어진 채 날아다니고 있다.

그리고 우주 탄생에서 약 38만 년 뒤 우주의 온도가 약 3000K까지 내려가면, 전자가 원자핵의 주위로 끌려와 원자가 되는 경우가 생겼다. 수소 원자핵(양성자)과 1개의 전자가 결합해 수소원자가, 헬륨 원자핵과 2개의 전자가 결합해 헬륨 원자가 탄생했다.

우리의 우주에서는 중성자가 우주 초기에 상당히 줄었으므로, 중성자와 융합하지 못한 수소 원자핵이 상당히 남았다. 그래서 헬륨은 수소에 비해 불과 12분의 1밖에 만들어지지 않았다.

별 속에서 수소로부터 헬륨이 합성된다.

빅뱅에 의해 수소, 헬륨 등의 가벼운 원소가 탄생한 우주는 밀도의 차이가 있었다. 밀도가 높은 부분에는 차츰 물질이 모여든다. 이 밀도의 차이가 현재의 우주에 존재하는 은하나 은하단 등의 '씨앗'이 되었다고 한다.

팽창을 계속하면서 차츰 식은 우주에서는, 밀도가 높은 부분에 수소나 헬륨으로 이루어진 가스가 모여들었다. 가스의 덩어리는 밀도가 높아지자 스스로의 중력으로 수축했고, 마침내 내부에서 항성이 탄생했다. 그리고 많은 항성이 모여 은하가 탄생했으며, 은하가 모여 초은하단이 형성되어 나갔다.

빅뱅에서는 생명의 존재에 빠트릴 수 없는 탄소와 산소, 철 등 무거운 원소는 만들어지지 않는다. 그들 원소는 항성 속에서 만들어졌다. 항성은 핵융합 반응에 의해 빛이 난다. 핵융합이란 원자핵끼리 달라붙어 다른 무거운 원소의 원자핵을 만드는 반응이다.

항성은 스스로의 중력에 의해 수축해 중심부의 밀도가 높아진다. 그러면 차츰 고온이 되어 핵융합이 시작된다. 처음에 항성이 핵융합의 연료로 사용하는 것은 가장 가벼운 원소인 수소이다. 먼저 수소 원자핵 2개가 융합해 중수소 원자핵이 된다. 이때 전하를 보전하기 위해 양전자와 중성미자가 튀어나온다. 중수소 원자핵은 계속되는 핵융합 반응에서 헬륨3 원자핵을 거쳐 헬륨 원자핵이 된다.

항성의 생애 가운데 수소를 연료로 하는 기간이 가장 길며, 전체의 약 80%에 이른다. 이는 수소 원자핵 2개에서 중수소 원자핵을 합성하는 핵융합 반응이 매우 느리게 일어나는 것이 원인이다. 이 단계의 항성을 '주계열성'이라고 하며, 우리의 태양도 현재는 주계열성의 단계에 있다.

적색 거성 속에서 헬륨으로부터 탄소가 합성되었다.

항성의 내부에서, 수소 원자핵으로부터 헬륨 원자핵이 만들어지는 핵융합 반응에 의해 중심핵의 수소가 줄어들면, 다음으로 무거운 헬륨이 핵융합의 연료가 된다.

항성은 중심핵에서 수소가 핵융합 반응을 일으킴으로써 그 크기를 일정하게 유지하고 있다. 그러나 헬륨의 핵융합 반응이 일어나면 항성 내부의 균형이 무너지고 급격히 부풀기 시작한다. 그리고 부풀어 오른 결과 항성 표면의 온도가 낮아지고, 항성의 색깔은 붉은색으로 바뀌기 때문에 '적색거성(赤色巨星)'이라 부르는 단계가 된다.

적색거성이 된 항성의 내부에서는 어떤 핵융합 반응이 시작될까? 헬륨 원자핵은 2개가 충돌하더라도 융합하지 않는다. 헬륨 원자핵이 융합하려면 3개의 원자핵이 거의 동시에 충돌해야 한다. 그리고 헬륨 원자핵 3개가 융합하면 먼저 탄소 원자핵이 탄생한다.

하지만 항성의 일생이 모두 같지는 않다. 예컨대 태양 질량의 0.08배 이하인 별의 경우 아무리 압축하더라도 중심핵의 온도가 올라가지 않으며, 핵융합 반응이 일어나지 않아 빛나는 경우도 없다. 이런 별은 '갈색 왜성(褐色矮星)'이라고 한다.

그리고 태양 정도 질량의 항성은 적색 거성이 되어, 팽창을 계속하면 바깥쪽의 가스가 떨어져 나가 '행성상 성운'이 되며, 그 중심에는 초고밀도로 하얗게 빛나는 '백색 왜성(百色矮星)'이 남는다. 이 경우 별 내부에서 합성되는 원소는 산소까지 이며, 백색 왜성의 핵에는 탄소와 산소가 남는다.

만약 항성이 태양 정도 이하의 질량 밖에 없으면 원소의 합성은 산소까지밖에 이루어지지 않는다. 이것은 태양 정도의 질량에서는 아무리 압축하더라도 그 이상의 원소 합성에 필요한 온도까지 올라가지 않기 때문이다.

적색 초거성 속에서 철까지의 원소가 합성된다.

산소보다 무거운 원소는 태양 정도 질량의 항성 속에서는 합성되지 않는다. 그들 원소는 태양 질량의 8배 이상 되는 항성의 내부에서 합성된다. 항성의 종류에 따라, 핵융합으로 최종적으로 만들어지는 원소의 종류에 따라. 핵융합으로 최종적으로 만들어지는 원소의 종류는 다르지만, 가장 무서운 원소를 만드는 항성에서는 철의 원소까지 합성된다. 그 과정은 아래와 같다.

태양 질량의 8배 이상인 별리 적색 거성이 되면, 내부에서 헬륨으로부터 탄소가 합성되고 더욱 거성이 된다. 그리고 스스로의 중력으로 압축되고 내부가 충분히 고온이 되어, 이번에는 탄소가 핵융합 반응의 연료가 된다. 그리고 탄소 다음에는 산소, 그리고 산소 다음에는 네온 등의 순서이며, 무거운 원소가 차츰 연료가 되어 더욱 무거운 원소를 만들어 나간다. 노년기의 항성에서는 중심일수록 무거운 원서가 모이므로, 원소마다 양파 모양의 층구조를 취하게 된다. 무거운 별에서는 철까지의 원소가 합성되는데 그것을 철 원자핵이 가장 안정되어 있기 때문이다.

그러나 적색 거성 안에서는 핵융합 반응과는 달리, 탄소나 네온의 동위 원소와 헬륨 원자핵과의 열핵반응으로 만들어지는 중성자가 다른 원자핵에 흡수됨에 따라, 철보다 무거운 원소의 일부도 합성된다.

여기까지가 항성 내부에서 합성되는 원소의 전부이다. 철보다 무거운 원소의 항성에 대해서는 아직 확실히 알려져 있지 않다. 그러나 태양 질량의 8배 이상 되는 별의 일생 가운데 최후에 만들어진다는 설이 유력하다.

모든 생명의 기본 원소인 탄소

탄소는 모든 유기물의 골격이 되는, 생명에 없어서는 안 될 원소의 하나이다. 탄소는 항성 속에서 일어나는 헬륨 원자핵의 핵융합 반응에 의해 합성된다.

그런데 헬륨 원자핵 2개는 충돌하더라도 융합되지 않는다. 이것은 헬륨 원자핵이 매우 안정되어 있기 때문에, 융합해서 생겨야 할 베릴륨 원자핵이 10~17초 만에 곧 2개의 헬륨 원자핵으로 분열하기 때문이다. 그래서 헬륨의 연소에는 헬륨 원자핵 3개가 거의 동시에 충돌할 필요가 있다. 그러나 원자핵은 10~12cm정도로 매우 작아, 3개가 동시에 충돌할 확률은 매우 작다.

실은 우리 우주에서는 헬륨 원자핵 2개가 충돌하면 완전히 일체화(핵융합)는 하지 않지만, 10~17초 동안 '공명(共鳴)상태'를 만든다. 여기에서 말하는 공명상태란 원자핵이 서로의 주위를 돌고 있는 것과 같은 상태를 말한다.

여기에 또 하나의 헬륨 원자핵이 충돌하면, 다시 헬륨 원자핵 3개가 공명상태를 만든다. 그리고 최종적으로는 3개가 융합해 탄소 원자핵이 생성된다. 탄소의 합성에는 이런 공명 상태가 반드시 필요하다. 그리고 이 공명 상태가 우리 우주에서 실현될 수 있는 것은 핵력이나 전자기력의 강도(强度) 등이 절묘한 값을 취한 결과이다.

만약 우리의 우주보다 핵력이 0.5%라도 약하거나 강했다면, 탄소 합성 반응으로 공명이 일어나지 않아 탄소는 합성되지 않는다. 탄소가 생기지 않으면, 항성 안에서는 더 이상의 핵융합 반응도 진행되지 않는다. 즉 우주에서 무거운 원소는 더 이상 생기지 않는다는 뜻이다.

탄소가 합성될 수 있는 우주에는 탄소보다 무거운 원소를 성분으로 하는 고체 모양의 먼지는 존재하지 않을 것이다. 그러면 먼지가 모여 생기는 지구 같은 암석 모양의 행성은 물론, 고체의 핵을 가진 목성 같은 가스 행성도 존재할 수 없으리라 생각된다.

원소의 탄생

초신성 폭발에 의해 우라늄까지의 원소가 합성되었다.

그러면 다시 우리 우주의 역사 이야기로 되돌아가자. 초기 우주에는 거의 수소와 헬륨 밖에 없었지만, 항성 내부의 핵융합 반응에 의해 철까지 중간 정도의 무게를 지닌 원소가 합성되었다. 그러나 이들 원소가 항성 속에 양파 모양으로 굳어진 채로는 생명의 재료로 이용되지 못한다. 철보다 무거운 원소는 어떻게 만들어졌을까?

철보다 무거운 원소가 어떻게 생성되었는지를 제대로 알려져 있지 않지만, 항성이 생애 최초에 일으키는 '초신성 폭발'로 만들어졌다는 설이 유력하다.

초신성 폭발은 그 맹렬한 폭발 에너지에 의해 항성 내부에서는 거의 만들어지지 않았던 철보다 무거운 우라늄까지의 원소를 차례로 합성하리라고 생각된다. 초신성 폭발을 거쳐 비로소 우주에는 생명을 키우기 위해 필요한 원소가 모두 갖추어졌을 것이다.

나아가 초신성 폭발은 항성에서 합성된 여러 가지 원소를 우주 공간으로 퍼뜨리는 역할도 하고 있다. 이들 원소는 우주를 떠다니다가 항성이나, 행성, 그리고 생명의 재료로 이용된다. 우리는 초신성 덕분에 지금 여기에 살고 있다고 해도 지나친 말이 아니다.

만약 양성자와 중성자의 질량이 같았다면

태양계 행성으로부터 약 46억년 뒤 마침내 인류가 탄생했다. 태양의 수명은 약 100억 년이나 되는데, 이는 수소의 핵융합이 매우 느리게 이루어지기 때문이다. 우리의 우주에서는 중성자가 양성자보다 0.14% 무거웠기 때문에 우주 초기에 중성자가 줄어, 여러 수소 원자핵(양성자)은 중성자와의 융합을 피할 수 있었다. 그리고 다량의 수소가 남았다.

그러면 만약 양성자와 중성자의 질량 차이가 거의 없었다면 어떻게 되었을까? 그 경우 우주 초기에 중성자가 줄지 않는다. (양성자 : 중성자 = 100 : 100) 그리고 그 뒤의 원소 합성 기간에는 수소 원자핵(양성자)이 중성자와 융합해 '소비'되어 버린다. 결국 우주는 헬륨 투성이가 될 것이다.

그러면 이 우주에서 별의 최초 연료는 수소가 아니라 헬륨이 된다. 헬륨의 핵융합반응은 수소의 반응보다 빨리 진행된다. 우리 우주의 항성은 생애의 약 80%를 수소의 연소에 소비하고 있지만, 이 우주에서는 그 시기가 사라지므로 항성의 수명은 짧아진다. 그리고 헬륨의 핵융합을 일으키려면 1억 K 이상의 고온이 필요하며, 가벼운 별에서는 이 고온을 실현하지 못해 핵융합이 일어나지 않는다.

즉 헬륨 투성이의 우주에서는 무거운 항성의 비율이 많아진다고 생각된다. 일반적으로 무거운 항성일수록 수명은 약 2,000만 년 밖에 되지 않는다. 이 점을 고려하면, 항성의 '평균 수명'은 더욱 짧아질 것으로 예상된다. 지적 생명이 탄생할 가능성도 훨씬 작아진다.

만약 양성자가 중성자보다 무거웠다면

만약 양성자와 중성자의 질량에서, 지금의 우주와 반대로 양성자가 중성자보다 무거웠다면 어떻게 되었을까?

이번에는 우주 초기에 많은 양성자가 중성자로 변해, 양성자가 줄어들어 버린다. 질량 차이에 따르지만, 최종적으로 생기는 것은 대량의 중성자와 약간의 헬륨이다.

우리 우주에서는 고립된 중성자는 안정되지 않아, 약 15분 만에 양성자로 붕괴(변신)해 버린다. 만약 양성자와 중성자의 질량 차이가 반대가 되었다면, 중성자와 양성자의 성질은 뒤바뀐다. 중성자는 안정되고, 양성자 쪽이 불안정해져 중성자로 붕괴하게 된다. 그러면 우주의 운명은 어떻게 될까? 양성자가 매우 불안정해 우주 초기에 거의 남아 있지 않다면, 헬륨도 거의 합성되지 않으므로 우주는 중성자 투성이로 시작된다. 중성자는 양성자와 달리 전기를 띠고 있지 않으므로, 그 뒤에도 원자를 만들지 않는다.

중성자는 중력에 의해 모이고 어느 정도의 가스 덩어리를 이루어 성운 비슷한 구조를 이룰지도 모른다. 그러나 우리 우주의 별처럼, 중성자의 가스가 한곳에 단단히 공 모양으로 합쳐지기는 어려우리라 생각된다. 우주는 항성도 행성도 없는 중성자 가스만이 떠다니는 따분한 세계가 될 것이다.

초신성 폭발에서 지구가 생기기까지

초신성 폭발로 퍼져 나간 우라늄까지의 여러 가지 원소는 그 뒤 어떻게 해서 지구와 같은 행성을 탄생시켰을까?

우선 초신성 폭발에 의해 퍼져 나간 여러 원소는 나중에 행성이나, 행성이 될 재료를 포함한 성간 분자운이 된다. 그 뒤 성간 분자운의 밀도가 높은 부분이 중력에 의해 수축되어 원반이 형성된다. 그 원반의 중심에서는 원시 태양이 빛나기 시작한다. 태양계 원반이 탄생된다.

그리고 원반에 들어 있던 먼지나 가스가 중력에 의해 모여, 무수한 미행성이 형성되어 나간다. 그 뒤 미행성은 서로 충동과 합체를 되풀이해 원시 해성이 탄생한다. 이윽고 현재와 같은 8개의 행성으로 성장해 간다.

이런 과정을 거쳐 지구가 탄생했다. 즉 우라늄까지의 여러 가지 원소가 있는 지구와 같은 행성을 가진 항성은 우주 탄생으로부터 적어도 2세대째 이후인 셈이다. 참고로 태양계에 있는 주된 원소의 존재비는 수소를 1로 하면 헬륨 0.1,탄소 10−4 산소10−3, 규소2×10−5, 철10−5,납과 금이 10−11등이다.

그리고 지구처럼 행성이 생명을 기르기 위한 조건으로는 항성의 수명이 충분히 길 것, 액체의 물이 존재할 것, 중력에 의해 적당한 두께의 대기를 유지할 것, 큰 위성을 가질 것 등을 들 수 있다.

철보다 무거운 원소가 어떻게 탄생했는 지는 알려져 있지 않다.

철보다 무거운 원소는 초신성 폭발에 의해 합성되어 우주에 퍼졌다는 설이 유력하다고 말했다. 그러나 실제는 검증되지는 않았다.

우리의 세계는 90종 정도의 원소로 이루어져 있다. 그 가운데 금과 은, 우라늄 등 철보다 무거운 원소가 3분의 2 이상을 차지하는데도, 그들이 어떤 천체에서 어떻게 만들어졌는지는 아직 밝혀져 있지 않다.

이런 원소의 기원에 대해서는 여러 가지 이론이 나와 있다. 초신성 폭발 이외에 극초신성(하이퍼노바)이나 쌍성 중성자별이 합체할 때의 대폭발 등이다. 그러나 이제까지 실험에 의해 확인할 수는 없었다. 이들 후보가 되는 천제에서 일어났으리라 생각되는 핵융합 반응을 지상에서는 재현할 수 없었기 때문이다.

그렇지만 2007년에 이론의 검증을 가능하게 할 실험 시설이 드디어 가동되었다. 그것이 일본 이화학연구소의 RI 빔 팩토리이다.

멀리 떨어진 천체의 원소는 어떻게 알 수 있을까?

태양 등의 항성이 어떤 원소로 이루어져 있는 지를 실제로 가서 살펴볼 수는 없다. 그러면 그러한 원소의 조성을 어떻게 알 수 있을까?

실은 태양빛이 가진 정보가 그 단서가 된다. 태양빛은 하얗게 보이지만 실제로는 여러 가지 색깔의 집합체이며, 특수한 장치를 통하면 여러 가지 색깔을 가진 빛의 띠가 된다. 그 빛의 띠를 '태양 빛 스펙트럼'이라고 한다. 고온의 물질에 들어 있는 원자는 그 원소의 종류에 따라 서로 다른 색깔의 빛을 방출한다. 이것을 '불꽃 반응'이라고 한다. 나트륨은 노란색, 리튬은 빨간색, 칼륨은 보라색 등이다. 불꽃놀이에서의 불꽃 색깔은 불꽃반응을 이용하는데, 붉은 색은 스트론튬 화합물, 노란색은 나트륨 화합물 등으로 만든다.

한편 저온 물질에 들어 있는 원자는 그 원소의 종류에 따른 특유의 파장에 해당하는 빛을 흡수한다. 어떤 원소가 흡수하는 빛은 그 원소가 고온일 때 방출하는 빛과 같은 파장의 빛이다.

태양빛 스펙트럼을 자세히 보면, 여러 개의 어두운 선[흡수선, 암선(暗線)]이 있다. 흡수선 부분은 태양빛이 지표에 이르는 동안 태양과 지표의 대기에 들어있는 원자에 흡수된 부분이다.

어떤 원소가 방출 · 흡수하는 빛의 파장(휘선과 흡수선)은 지구상에서나 태양에서나 같다. 즉 태양빛 스펙트럼의 휘선과 흡수선을 분석하면 직접 가서 살펴볼 수 없는 태양에 어떤 원소가 존재하는지를 알 수 있다. 그렇기 때문에 빛의 빠르기로 수억 년이나 걸리는 멀리 떨어진 천체라도, 스펙트럼을 살펴볼 수 있으면 그 천체에 들어있는 원소의 정보를 얻을 수 있다. 참고로 헬륨은 지구상에서 발견되기 전에 태양빛 스펙트럼의 분석으로 발견된 원소이다. 1868년 태양의 코로나(상층의 대기)에서 어떤 특정한 파장의 빛이 강하게 방출되고 있음이 알려졌다. 이 파장의 빛을 방출하는 원소는 당시 지구에서는 발견되지 않아, 미지의 원소의 존재가 예언되었다.

지구상에서 헬륨이 발견된 것은 그로부터 27년 뒤인 1895년의 일이다. 이런 경위에서 헬륨은 그리스 어의 태양을 뜻하는 '헬리오스(Helios)'로부터 명명되었다.

1.7 | 주기율표의 역사

되베라이너의 세쌍원소

주기율표의 역사는 요한 볼프강 되베라이너의 세쌍원소에서 시작된다. 되베라이너는 세 개의 원소로 이루어진 무리 중 어떤 원소들은 첫 번째 원소와 세 번째 원소의 물리량 평균이 두 번째 원소랑 같음을 확인했다. 되베라이너는 이들을 '세 쌍의 원소'로 불렀다.

뉴런즈의 옥타브 법칙

영국의 과학자 존 뉴런즈는 원소들을 원자량의 순으로 배열하면 8번째 원소마다 비슷한 성질의 원소가 나타나는 것을 발견하였고, 이를 피아노의 개념에 대입하여 옥타브 법칙을 세웠다. 하지만 이 대응성은 3번째 줄에서부터 어긋나기 시작했고, 처음 이 이론이 발표되었을 때만 해도 그는 웃음거리가 되었으나 이후 여러 가지 실험이 뉴런즈의 법칙의 중요성을 보였다. 현재는 비활성 기체가 발견되었으므로 원소들은 9번째마다 비슷한 성질이 나타난다.

멘델레예프의 주기율표

멘델레예프는 질량의 화학 교수였다. 멘델레예프는 원소의 규칙을 밝히기 위해 이런저런 시도를 하다가 결국 원소들을 원자량 순으로 나열하면 되베라이너의 세쌍 원소, 옥타브 법칙을 만족하게 된다는 것을 알게 되었다. 그는 원소가 어떤 함수의 결과라는 것을 확실히 믿었지만 비활성 기체가 발견되면서 그의 주기율표는 바뀌기 시작했다.

모즐리

멘델레예프의 문제는 영국의 모즐리(Moseley, Henry Gwyn Jeffreyes)에 의해 풀렸다. 그는 음극선관을 이용하여 생성되는 X선의 파장을 연구했고 양성자 수에 따라 화학적 성질이 달라진다는 것을 밝혀냈다. 이것을 기본으로 현대적 의미의 주기율표가 탄생했다.

1.8 | 원소의 규칙성

원소들은 순서가 있고 그 순서에 따른 일정한 규칙성이 있다는 것이 밝혀진 후 이를 순서와 주기에 따라 배열한 것이 원소주기율표이다. **원소주기율표**에는 원소기호, 원자번호, 원자량 그리고 규칙적으로 배열되는 족번호를 표시한다. 원소기호는 자연계에 존재하는 92번 우라늄까지는 대부분 그 원소의 이름에 유래하는 약자를 사용한다. 즉 원자번호 1번인 수소 H (hydrogen), 2번인 헬륨 He(Helium) 등으로 표시된다.

93번인 Np 넵튜늄(Neptuniem)은 1940년 UC 버클리(버클리 소재 캘리포니아

대학)에서 우라늄에 중성자를 조사하여 생성되었으며 해왕성(Neptune)과 관련되어 명명되었다. 94번 원소인 플루토늄(plutonium) 역시 UC 버클리 대학에서 1940년 말에 Np 넵튜늄(Neptuniem)이 붕괴되어 생성되어 얻었으며 명왕성(pluto)에 관련하여 명명하였다. 그 이후에는 자연계에 존재하지 않는 인공적인 물질들로서 원소를 만든 나라 혹은 사람이름 등을 기념하여 이름이 붙여졌다.

다음은 우리나라의 대표적인 화학학회인 대한화학회에서 작성한 표준 주기율표이다. 표기법은 맨 위에 원자번호 그리고 굵은 글씨로 원소기호 그 아래 국문원소명, 영문원소명이 쓰여 있고 맨 아래 괄호에는 표준원자량이 표시된다.

자 그러면 주기율표를 들여다보자. 맨 위에 양모서리에 왼쪽으로 수소, 오른쪽에 헬륨이 자리하고 있다. 그리고 그 밑으로 리튬(Li), 베릴륨(Be)이 있고 칸을 뛰어넘어 붕소(B), 탄소(C), 질소(N), 산소(O), 풀루오린(불소, F), 네온(Ne)이 순서대로 자리한다. 그 아래 셋째 줄에는 나트륨(Na)에서부터 아르곤(Ar)이 같은 배열로 자리한다. 그런데 그 아래 넷째 줄에는 칸이 끈기지 않고 칼륨(K)부터 크립톤(Kr)까지 연속적으로 18개의 원소가 배열되고 다섯 번째 열도 마찬가지로 루비듐(Rb)에서 제논(Xe)까지 18개의 원소가 배치되어 있다.

그런데 6열째에는 55번 세슘(Cs)에서 시작하는데 57번에서 71번까지는 란터넘족(lanthanoids)이라 써넣고 바깥쪽에 57번 란터넘(La)에서 71번 루데늄(Lu)까지 15개의 원소를 따로 배치하였다. 마지막 열인 7열 역시 프랑슘(Fr)에서부터 시작되는데 세 번째 칸에 악티윰족(actinoid)이라 하여 89번 악티움(actium)부터 103번 로렌슘(Lr)까지 15개 원소를 따로 배치하였다.

이러한 배열은 어떻게 만들어지는 것일까? 그것은 원자핵을 둘러싸고 있는 전자의 배열에 의하여 만들어 진다.

전자 electron 전기적으로 음의 전하를 갖는 원자의 구성 물질인 소립자의 하나이다. 전자의 질량은 9.1094×10^{-28} 킬로그램이고 전하는 -1.602×10^{-19} 쿨롱이다. (10^{-14}이 일 조분의 1이므로 그 값들은 매우 작은 값임을 알 수 있다). 양성자 질량의 1/1836으로 원자의 질량에 기여하는 바가 매우 작다.

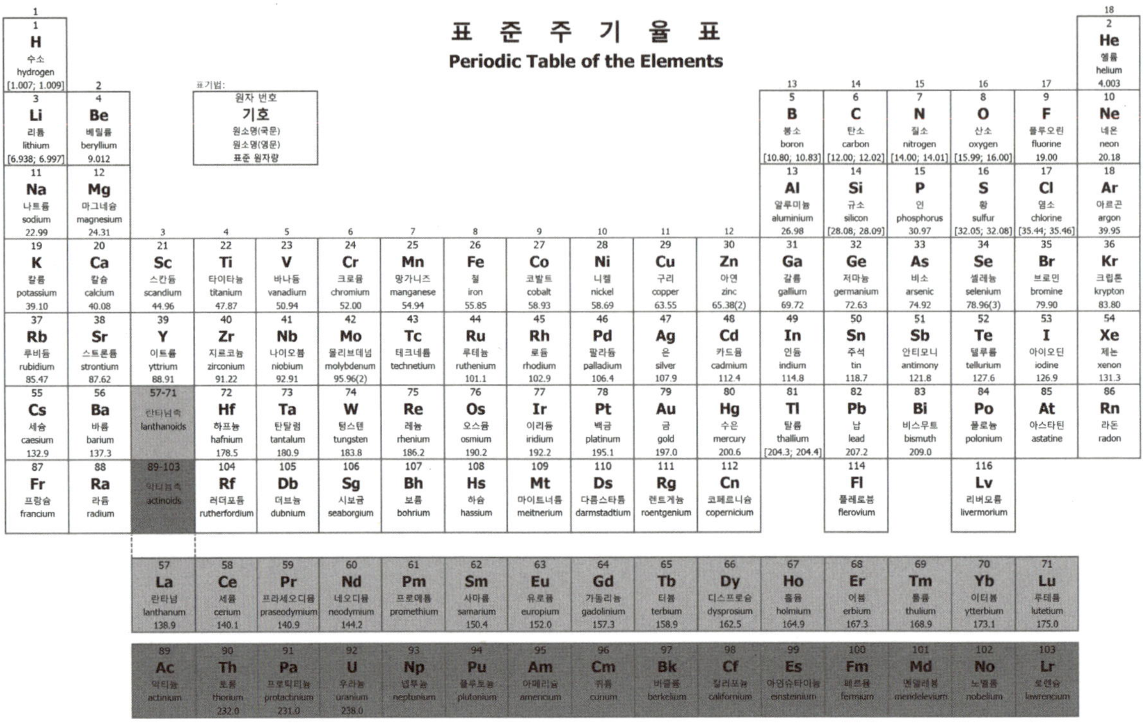

참조) 표준 원자량은 2011년 IUPAC에서 결정한 새로운 형식을 따른 것으로 [ ] 안에 표시된 숫자는 2 종류 이상의 안정한 동위원소가 존재하는 경우에 지각 시료에서 발견되는 자연 존재비의 분포를 고려한 표준 원자량의 범위를 나타낸 것임. 자세한 내용은 *Pure Appl. Chem.* 83, 359-396(2011); doi:10.1351/PAC-REP-10-09-14을 참조하기 바람.

그림 1.9 표준주기율표

앞에서 이미 우리는 원자가 핵과 전자로 구성되어 있음을 알았다. 즉, 원자의 가운데에는 양성자와 중성자로 이루어진 핵이 있고, 그 주변에 전자가 둘러싸고 있다. 양성자와 중성자는 전자에 비해 훨씬 무거운 대신, 차지하는 부피는 훨씬 적다. 그래서 원자의 무게는 핵에 의해 그리고 크기는 전자에 의해 정해진다고 볼 수 있다.

원자간의 결합 그리고 원자들의 공간적인 배열이 결정의 물리화학적 성질을 지배한다는 것은 이미 이야기 한 바 있다. 그렇다면 원자의 어떠한 부분이 그들 간의 결합과 공간적인 배열을 좌우할까? 그것은 바로 원자의 핵 주위를 감싸고 있는 전자, 그 중에서도 최외각 전자(valence electron)이다. 그렇기 때문에 여기서 우리는 원자의 전자 구조를 다루려 하는 것이다.

1.9 | 원자 내에서 똑같은 전자는 없다–전자구별하기

원자 내에 존재하는 전자들은 원자번호가 증가할수록 많아진다. 즉 원자 내에 기거하는 전자들의 가족 수가 많아지는 것이다. 가족이 많다고 해도 똑 같은 사람이 없듯이 전자들 역시 같은 상태의 전자는 없다. 그래서 이러한 전자의 상태를 실제 현상과 맞도록 논리적으로 표현할 방법이 필요하다.

원자의 전자 구조란 한 원자에서 핵을 중심으로 하는 전자의 공간적인 분포(좀 더 엄밀하게 얘기하면, 시공간적인 분포)를 말하는 것이다. 이와 같은 전자의 분포는 소위 '궤도함수(atomic orbital)'라는 함수에 의해서 결정되는데, 이 궤도함수는 각 전자들이 갖고 있는 양자수(quantum number)에 의해 결정된다. 사실은 양자수가 전자의 공간적 분포 뿐만 아니라, 전자들의 성질을 결정한다. 양자수는 전자들을 구별하기 위하여 붙여놓은 번호라고 우선 이해하자. 즉, 양자수란 양자화된 전자의 상태를 기술하기 위한 궤도함수의 변수들이라고 정의하고 넘어가기로 한다.

양자수에는 **주양자수**(principal quantum number), **방위양자수**(azimuthal quantum number), **자기양자수**(magnetic quantum number), 그리고 **스핀양자수**(spin quantum number)가 있다.

우리는 이들 양자수를 이론적인 수식을 통해 자세히 이해하기 보다는, 각각이 실제로 어떤 역할을 하는지 또는 어떤 의미가 있는지 정성적으로 이해하도록 하자.

주양자수는 핵과 전자의 거리와 전자의 양자화된 에너지를 결정하는 양자수이다. 주양자수는 n으로 표시하며, 1, 2, 3, ...등의 자연수를 갖는다 (즉, n=1, 2, 3,... 이 양자수는 흔히 우리가 전자껍질(electron shell)이라고 부르던 것을 나타낸다고 보면 된다. 예를 들면, 어떤 전자의 주양자수가 2 이면 (n=2), 이 전자는 두 번째 전자껍질에 있는 것이다.

이제 다시 주기율표를 보자. 이 주기율표를 보면 맨 왼쪽에 위에서 아래로 작은 숫자가 1, 2, 3, ... 이렇게 적혀있다. 이것은 주기(period)라 부르는 것으로 그 숫자가 적혀있는 줄의 모든 원소는 같은 주기에 속함을 뜻한다. 같은 주기에 속한다는 것은 같은 수의 전자껍질을 갖는다는 뜻이며, 이는 결국 최외각 껍질의 전자의 주양자수가 모두 같다는 말이다.

방위양자수는 전자의 각 운동량과 관계된 양자수로 전자의 궤도 함수 모양, 즉 전자의 3차원적인 공간 분포 모양을 결정한다. 방위양자수는 'l'로 표시하는데, 이것은 주어진 주양자수에 따라 0부터 n−1까지의 값을 갖는다 (즉, l=0, 1, 2, ...,n−1). 방위양자수에 따라 궤도 함수의 이름을 따로 부르는 것이 있다. 그것은 바로, s(l=0), p(l=1), d(l=2), 그리고 f(l=3) 궤도이다. 이들 궤도의 모양이 어떻게 생겼는지는 다음 그림(그림 1.10)에서 보자.

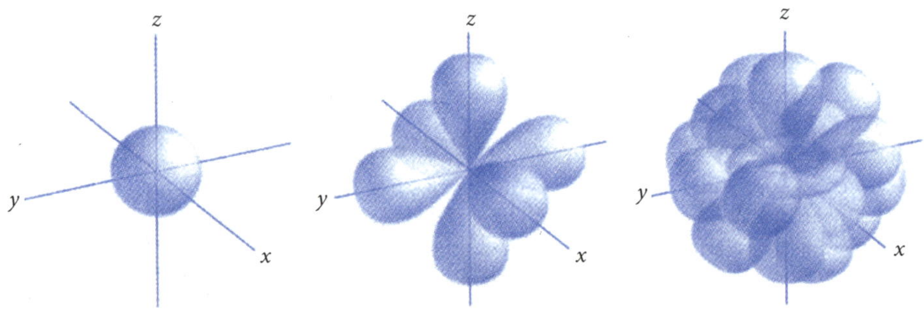

A
***s* orbitals:**
hold 2 electrons
(outer orbitals of
Groups 1A and 2A)

B
***p* orbitals:**
each of 3 pairs of
lobes holds 2 electrons
= 6 eletrons
(outer orbitals of
Groups 3A to 8A)

C
***d* orbitals:**
each of 5 sets of
lobes holds 2 electrons
= 10 eletrons
(found in elements with atomic
no. of 21 and higher)

그림 1.10

자기양자수는 각운동량의 방향에 따른 성분과 관련된 양자수이며, 대개 하나의 방위 양자수를 갖는 궤도 함수가 공간적으로 다른 경우의 수가 얼마인가를 나타낸다고 보면된다.

자기 양자수는 m으로 표시하는데, 방위양자수에 따라 −l 부터 +l 까지의 값을 갖는다.

$$m = -l, (-l+1), \cdots 0, \cdots (l-1), l$$

l = 0 일 때 m = 0

l = 1 일 때 m = −1, 0, 1

l = 2 일 때 m = −2, −1, 0, 1, 2

l = 3 일 때 m = −3, −2, −1, 0, 1, 2, 3

따라서, s 궤도(l = 0)에 대해서는 m = 0의 값 만을 가지므로 오직 하나의 궤도만이 존재하지만, p 궤도의 경우 l = 1이므로 m = −1, 0, 1의 3개의 궤도를 갖는다. 또한 d 궤도(l = 2)에 대해서는 m=−2,−1,0, 1, 2의 값을 가지므로 다섯개의 서로 다른 궤도가 존재한다. l = 2 이면 m = −2, −1, 0, 1, 2 가 가능하다는 것이다.

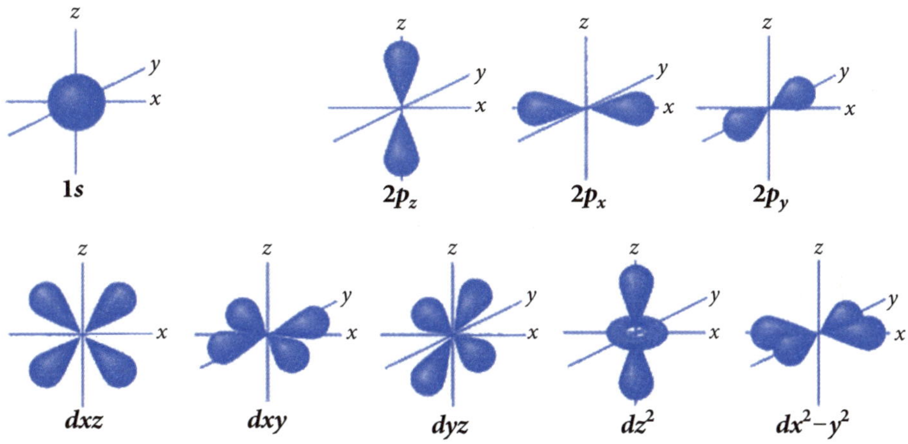

그림 1.11

물론 f 궤도의 경우 l = 3이므로 m = −3, −2, −1, 0, 1, 2, 3 과 같이 7개의 자기양자수를 갖는다.

이와 같은 원자 궤도의 모양이 전자의 분포를 그대로 나타내는 것은 아니다. 이 궤도의 짝함수(conjugate function)를 곱해서 모든 공간에 대해 적분한 것이 전자의 분포 확률을 나타내는 함수가 된다. 이 원자 궤도의 모양은 원자 홀로 있을 때의 모양이다. 다른 원자 또는 분자에 가까이 다가가면 이 궤도 함수는 흥분되어 변형되며, 결합을 이룰 때 쯤이면 혼성 궤도를 이루는 등 상당히 다른 모습으로 변한다.

스핀양자수는 전자가 주변 자기장에 대해 놓여진 방향을 기술하는 것으로, s로 나타내며 +1/2 또는 −1/2을 갖는다.

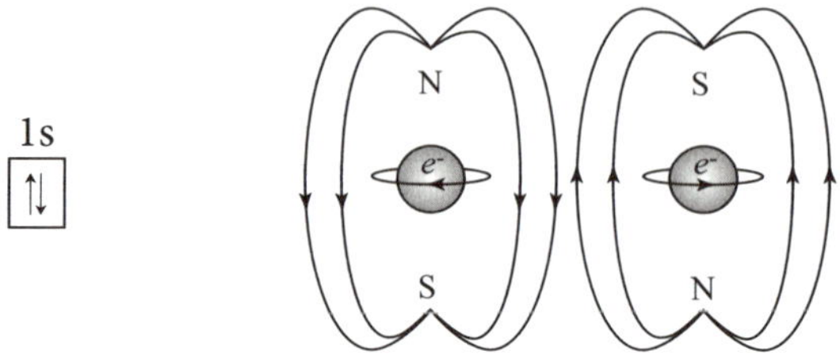

표 1.1 양자수와 원자 궤도 사이의 관계

n	*l*	*m*i	궤도의 수	원자궤도의 표기
1	0	0	1	1*s*
2	0	0	1	2*s*
	1	-1, 0, 1	3	$2p_x, 2p_y, 2p_z$
3	0	0	1	3*s*
	1	-1, 0, 1	3	$3p_x, 3p_y, 3p_z$
	2	-2, -1, 0, 1, 2	5	$3d_{xy}, 3d_{yz}, 3d_{xz}$
				$3d_{x^2-y^2}, 3d_{x^2}$

1.10 | 원자 내에서 전자들의 배열

지금까지 4개의 양자수가 무엇을 기술하는지 그리고 실제 전자의 분포와 관련해서는 무슨 의미를 갖는지 설명하였다. 그렇다면, 만일 여러 개의 전자를 갖는 원소가 있다면, 이 원소의 전자들은 어떠한 원자 궤도를 어떻게 차지하며, 각 원자 궤도에는 몇 개의 전자를 수용하는지, 그리고 결국 어떠한 궤도가 최외각 전자껍질이 되어 이 원자의 결합 및 화학적 특성을 결정하는지 알아보자.

다수의 전자가 있을 때, 전자는 우선 낮은 주양자수를 갖는 원자 궤도를 채운다. 주양자수에 따라 여러 개의 방위 양자수를 갖는데, 전자는 대개 낮은 방위양자수를 갖는 궤도를 먼저 채우나, 여기에는 일정한 예외 법칙이 있다. 이와 같이 전자가 다른 주양자수와 방위양자수를 갖는 원자 궤도를 채우는 순서를 하나의 원리로 정리하였는데, 이것을 'aufbau principle(전자의 축조 원리)'이라 한다.

원자들의 전자 배치 표시하기

먼저 전자들이 원자 궤도를 채우는 순서를 표기하는 방법에 대하여 약속을 할 필요가 있다. 궤도함수를 상자로 표시하는 방법(orbital box diagram)이 있다. 각 궤도함수를 상자로 표시하여 주양자수가 1인 전자 첫 번째 전자 껍질의 1s 궤도에 채워진 2개의 전자가 1쌍을 이루고 서로 반대되는 스핀 양자수를 갖는다는 의미로 1s [↑↓] 로 표시한다. 물론 주양자수 2인 2번째 전자껍질은 2s [↑↓] 2p [↑ | ↑ |] 로 표시하면 될 것이다. 이러한 방법에 의가하여 각 원자의 전자가 채워진 모양을 표시하면 다음과 같다.

	1s	2s	2p
수소 H	[↑↓]		
헬륨(He)	[↑↓]		
탄소 C	[↑↓]	[↑↓]	[↑ | ↑ |]

때로는 탄소의 전자 배열을 1s [↑↓] 2s [↑] 2p [↑ | ↑ | ↑] 로 표시하는데 2s의 전자가 2p 전자궤도로 이동하였다는 의미로 사용한다.

이러한 방법은 시각적으로는 이해가 쉽지만 쓰기에는 다소 불편하기 때문에 spdf 표기법(spdf notation)을 사용한다.

수소의 경우 수소 H 1s [↑↓] 를 단순하게 $1s^1$으로 표시한 것이다, 앞의 숫자 1은 주양자수를 표시하고 윗첨자로 쓰여진 s^1은 채워진 전자의 수를 표시하는 방법이다. 이러한 방법으로 He을 표시하면 $2s^2$가 될 것이고 탄소를 표시하면 $1s^2\ 2s^2\ 2p^3$ 가 된다. 상자 표기법보다 더욱 간단하고 쓰기가 편리하다.

전자가 채워지는 순서

전자의 궤도의 에너지 준위는 아래와 같은 순서로 정해진다. 따라서 원자 내에서 전자가 채워지는 순서는 화살표 방향대로 정해진다. 전자도 물이 아래로 흐르는 것처럼 낮은 곳부터 채워지는 원리이다.

'上善若水 水善利萬物而不爭(상선약수 수선리만물이부쟁)'이란 말이 노자의 도덕경에 있다. 가장 좋은 것은 물처럼 흐르는 것이다. 모든 것을 이롭게 하면서도 다투지 않는다. 전자들은 자기의 자리를 낮은 곳부터 채움으로써 서로 편하게 다투지 않고 채워진다.

전자가 채워지는 순서는 다음 그림과 같다. 전자들은 모든 껍질(같은 주양자수)을 다 채우고 다음 껍질로 채워지지 않는 것은 궤도의 에너지 준위가 다름에 기인한다. 즉 주양자수가 1인 껍질 1에는 1s만이 존재하고 주양자수가 21인 껍질 2에는 2s 2p가 존재한다. 여기까지는 1s, 2s, 2p 순서로 채워지지만 주양자수가 3인 껍질 3에서는 3s와 3p 궤도가 채워진 후 껍질4의 4s가 채워진 후 껍질 3의 3d가 채워진다. 즉 3d 궤도보다 4s의 에너지 준위가 더 낮기 때문에 먼저 전자가 채워진다는 것이다.

하나의 예를 들어보자. 칼륨 K(원자번호: 19)는 4주기의 알칼리 금속에 (IA족)에 속한다. 전자가 원자 궤도를 채운다면 다음과 같을 것이다:

$$K19: 1s^2 \mid 2s^2 2p^6 \mid 3s^2 3p^6 \mid 4s^1.$$

위에서 3p 궤도 다음에 3d 궤도가 아닌 4s 궤도를 채운 점에 주의하자. 바로 이 점 때문에 K는 3B족의 전이원소가 아니라, 1A족의 알칼리 금속 원소가 되는 것이다.

이러한 순서를 그림으로 표현하면 설명이 쉬워진다.

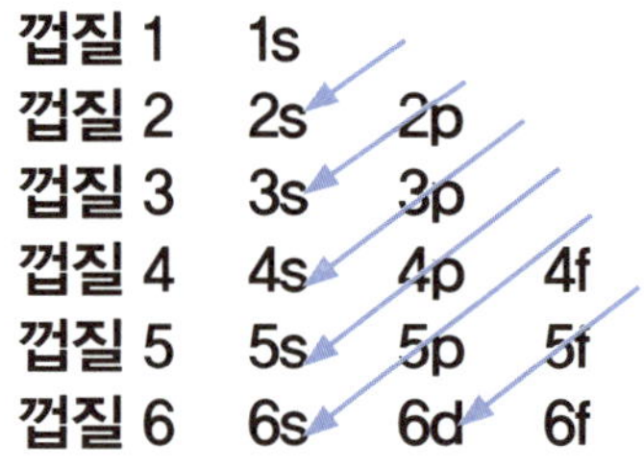

그림 1.12

이러한 순서에 입각하여 전자가 채워지는 순서를 배열하면 다음과 같다.

1s 2s 2p 3s 3p 4s 3d 4p 5s 4d 5p 6s 4f 5d 6p 7s 5f 6d

이렇게 전자가 채워지는 것은 각 궤도함수(오비탈)의 에너지 준위와 관련이 있다. 즉 낮은 에너지를 갖는 오비탈에 전자가 채워지기 때문에 위와 같은 순서를 갖게 된다.

이 순서에 의하여 전자가 채워진 결과가 주기율표이다. 전자가 채워지는 순서와 가장 바깥쪽의 전자궤도에 채워진 전자의 수가 주기율표의 반복성을 결정한다.

아래 주기율표를 보면서 설명하기로 하자. 먼저 가로 방향(→)에는 1A, 2A, 3B 4B ... 8B, 1B, 2B, 3A, 4A ...7A, 8A 순으로 배열되어 있다. 이러한 반복성을 '족(族, group)'이라 한다.

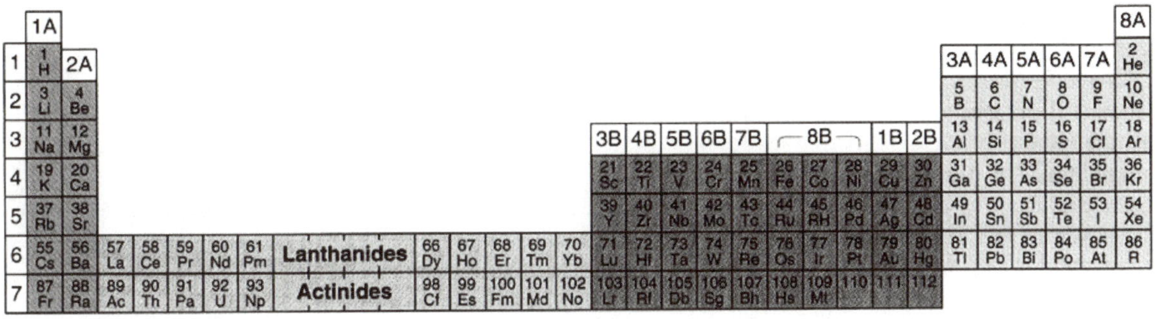

그림 1.13

이 숫자 아래 줄에 있는 모든 원소를 원자단으로 함께 묶어 부를 때 사용된다. 예를 들면 Be부터 Ra까지 2A라 쓰인 세로줄에 있는 원소들은 2A족 원소, He부터 Rn까지의 원소들은 8A라 부른다. 이와 같이 같은 족에 속한 원소들은 최외각 전자 껍질에 같은 방위양자수를 갖는 같은 수의 전자를 갖고 있으며, 이로 인해 이들끼리는 매우 유사한 화학적 성질을 지닌다. 예를 들면, 1A 족의 원소들은 최외각 전자 하나가 s 궤도에 있는데, Li은 2s, 그 밑의 Na는 3s, 그리고 그 밑의 K는 4s의 궤도에 있다. 이와 같이 최외각 전자 껍질에 하나의 s궤도를 갖는 전자를 가진 원소를 통칭해서 알칼리 금속 원소(alkali metals)라 한다.

이왕 일련의 원소들에 대한 이름이 나온 김에 몇 개 더 소개하고 지나가자. IIA 족의 원소들은 최외각 전자 껍질에 2개의 s 궤도를 갖는 전자가 있으며, 이들을 통칭해서 **알칼리 토금속 원소**(alkaline earth metals)라 한다. 7A 족 원소들은 최외각 전자 껍질에 s 궤도에 2개, p 궤도에 5 개의 전자가 있는데, 이들을 **할로겐 원소**(halogens)라 한다. 8A 족 원소들은 0 족 원소들이라고도 하는데, s 궤도에 2개, p 궤도에 6개의 전자가 있어 꽉 찬 전자 구조를 갖는다. 이들은 **불활성 기체 원소**(inert gases)라고 한다. 3B에서 1B에 이르기까지의 10개 족 원소들은 모두 최외각 전자 껍질에 d 궤도를 갖는 전자가 있는데, 이들 원소들을 합해 **전이 원소**(transient elements)라 부른다. 주기율표 밑에 두 줄의 원소가 따로 있는 것을 볼 수 있을 것이다. 이 원소들은 최외각 전자 껍질에 f 궤도를 갖는 전자를 갖는 원소들이며, 함께 **희토류 원소**

금속(주족) / 금속(전이원소) / 금속(내부전이원소) / 비금속 / 준금속

주족 원소 (1–2족, 13–18족) · 전이 원소 (3–12족) · 주기 번호

주기 번호	IA (1)	IIA (2)	IIIB (3)	IVB (4)	VB (5)	VIB (6)	VIIB (7)	VIIIB (8)	VIIIB (9)	VIIIB (10)	IB (11)	IIB (12)	IIIA (13)	IVA (14)	VA (15)	VIA (16)	VIIA (17)	VIIIA (18)
1	1 H 1.008																	2 He 4.003
2	3 Li 6.941	4 Be 9.012											5 B 10.81	6 C 12.01	7 N 14.01	8 O 16.00	9 F 19.00	10 Ne 20.18
3	11 Na 22.99	12 Mg 24.31											13 Al 26.98	14 Si 28.09	15 P 30.97	16 S 32.07	17 Cl 35.45	18 Ar 39.95
4	19 K 39.10	20 Ca 40.08	21 Sc 44.96	22 Ti 47.88	23 V 50.94	24 Cr 52.00	25 Mn 54.94	26 Fe 55.85	27 Co 58.93	28 Ni 58.69	29 Cu 63.55	30 Zn 65.39	31 Ga 69.72	32 Ge 72.61	33 As 74.92	34 Se 78.96	35 Br 79.90	36 Kr 83.80
5	37 Rb 85.47	38 Sr 87.62	39 Y 88.91	40 Zr 91.22	41 Nb 92.91	42 Mo 95.94	43 Tc (98)	44 Ru 101.1	45 Rh 102.9	46 Pd 106.4	47 Ag 107.9	48 Cd 112.4	49 In 114.8	50 Sn 118.7	51 Sb 121.8	52 Te 127.6	53 I 126.9	54 Xe 131.3
6	55 Cs 132.9	56 Ba 137.3	57 La 138.9	72 Hf 178.5	73 Ta 180.9	74 W 183.9	75 Re 186.2	76 Os 190.2	77 Ir 192.2	78 Pt 195.1	79 Au 197.0	80 Hg 200.6	81 Tl 204.4	82 Pb 207.2	83 Bi 209.0	84 Po (209)	85 At (210)	86 Rn (222)
7	87 Fr (223)	88 Ra (226)	89 Ac (227)	104 Rf (261)	105 Db (262)	106 Sg (266)	107 Bh (262)	108 Hs (265)	109 Mt (266)	110 Ds (269)	111 Rg (272)	112 Uub (277)	113 Uut	114 Uuq (285)	115 Uup	116 Uuh (289)	117 Uus	118 Uuo

내부 전이 원소

6	란탄 계열	58 Ce 140.1	59 Pr 140.9	60 Nd 144.2	61 Pm (145)	62 Sm 150.4	63 Eu 152.0	64 Gd 157.3	65 Tb 158.9	66 Dy 162.5	67 Ho 164.9	68 Er 167.3	69 Tm 168.9	70 Yb 173.0	71 Lu 175.0
7	악티늄 계열	90 Th 232.0	91 Pa (231)	92 U 238.0	93 Np (237)	94 Pu (242)	95 Am (243)	96 Cm (247)	97 Bk (247)	98 Cf (251)	99 Es (252)	100 Fm (257)	101 Md (258)	102 No (259)	103 Lr (260)

그림 1.14

(rare earth elements)라 불린다. 이 희토류 원소 중, 윗 줄은 란타나이드 계열 원소(lanthanides), 아랫줄은 악티나이드 계열 원소(actinides)로 나뉘어 불리기도 한다.

가속기로 합성된 원소

111종의 원소 가운데 20개 정도는 자연계에는 본래 존재하지 않고, 사람의 손으로 만들어낸 원소이다. 이들 원소가 천연으로 존재하지 않는 이유는, 비록 과거에 존재했더라도 불안정해(수명이 짧아서) 현재까지 남아있지 않기 때문이다. 다만 라듐 등과 같이 수명이 짧아도, 수명이 긴 다른 원소가 붕괴함으로써 만들어진 형태로 지구에 존재하는 것도 있다.

그러면 인공적으로 합성된 원소는 어떻게 만들어졌을까? 더 무거운 원소를 합성하려면 빅뱅이나 항성 내부에서 이루어진 것처럼 원자핵끼리 부딪치는, 즉 핵융합 반응을 일으켜야 한다. 그러나 그 융합은 간단하지 않다. 양전하를 지니는 원자핵끼리는 서로 반발하기 때문에 2개의 원자핵을 충돌시키려면 원자를 매우 빠른 속도로 날아가게 해야 한다.

그러나 빅뱅을 지상에서 재현할 수는 없다. 이를 지상에서 가능하게 하는 것이 가속기이다. 가속기는 입자를 가속해 충돌시킬 수 있는 실험 장치이다. 가속기를 사용해 원자핵끼리 충돌에 의해 융합시킴으로써 새로운 원소를 만들어 낼 수 있다.

만들어낸 새로운 원소의 수명은 매우 짧기 때문에, 미지의 원소의 존재는 어떻게 붕괴되는 지를 관측함으로써 확인한다. 붕괴해서 생긴 이미 알려진 원소의 존재를 관측해, 붕괴를 거슬러 올라감으로써 합성된 것이 몇 번째의 원소였는지를 판단할 수 있다.

참고로 주기율표에 수록되어 있지 않은 113번 원소는 일본 이화학연구소에서 이미 합성되었다. 그러나 아직 원소 이름 등의 결정권을 지닌 IUPAC(국제순수및응용화학연맹, International Union of Pure and Applied Chemistry)에 의해 정식으로 인정받지 못했다. 인정을 받으려면 추가 시험을 해서 그 존재를 다시 증명해야 한다.

새로운 합성 보고가 있는 원소는 그 밖에도 있다. 이미 112~116번 및 118번을 합성했다는 발표가 독일, 러시아, 미국 등의 연구팀에서 나와 국제적인 경쟁이 격화하고 있다.

그러면 대관절 어디까지 새로운 원소가 늘어날까? 일반적으로 원자핵이 커짐에 따라 충돌하기 어렵게 되고, 핵융합 반응의 확률이 낮아지기 때문에 큰 원자량의 원소 합성은 더욱 어려워진다. 이론적으로는 137번 원소까지는 합성된다고 한다.

1.11 | 원자들은 전자의 얻음과 잃음으로 화학적 성질이 변화된다.

이온

많은 원소의 원자들은 화학반응을 하는 동안에 전자를 얻거나 잃는다. 화학반응의 결과를 예측하기 위해서는 원소가 전자를 얻기 쉬운지, 잃기 쉬운지, 그 수량은 몇 개인지를 알 필요가 있다.

양이온

화학반응에 의해 원자의 전자가 다른 원자로 이동하여 원자가 전자를 잃는다면 원자는 원자핵의 양성자가 갖는 전하보다 적은 전자를 갖게 된다. 그 결과가 양이온(cation)이라 명명하는 양전하를 갖는 이온이다. 예를 들어, 한 개의 양전하를 갖는다면 Li^+ 와 같이 양전하를 표기한다.

Li 원자	→	e^- + Li^+ 양이온
(양성자 3개와 전자 3개)		(양성자 3개와 전자 2개)

음이온

반면에, 원자가 한 개 이상의 전자를 얻으면 양성자보다 많은 전자를 갖게 되어 음전하를 갖는다. 그 결과가 음이온(anion)이다.

$$O \text{ 원자} + 2e^- \quad \rightarrow \quad O^{2-} \text{ 양이온}$$

(양성자 8개와 전자 8개) (양성자 8개와 전자 10개)

여기서 산소 원자는 2개의 전자를 얻었으므로 O^{2-}와 같이 표기한다.

단원자 이온

단원자 이온은 한 개의 원자가 전자를 얻거나 잃음으로써 만들어진다. 주기율표에서 보는 바와 같이 금속들은 일반적으로 전자를 잃고, 단원자 양이온을 형성하며, 비금속들은 전자를 얻어 단원자 음이온을 형성한다. 얻거나 잃은 전자의 수를 어떻게 예측할 수 있을까? 이러한 이온의 일반적인 전하가 그림 3.7에 표시되어 있다. 1A~3A족의 금속들은 족의 숫자와 같은 전하의 양이온을 형성한다.

족	금속원자	전자 변화	금속 양이온
1A(1)	Na(양성자11개, 전자11개)	−1	→ Na^+(양성자11개, 전자10개)
2A(2)	Ca(양성자20개, 전자20개)	−2	→ Ca^+(양성자20개, 전자18개)
3A(3)	Al(양성자13개, 전자13개)	−3	→ Al^+(양성자13개, 전자10개)

전이금속(B족 원소)도 역시 양이온을 형성한다. 그러나 A족 금속들과는 달리 전이금속들이 양이온을 만들 경우에는 그 형태를 쉽게 예측할 수 없다. 다시 말하면, 많은 전이금속들은 몇 가지 형태의 다른 이온들을 형성한다. 예들 들어, 철을 포함하는 화합물들은 Fe^{2+} 또는 Fe^{3+} 이온을 갖고 있을 것이다. 실제로 2^+, 3^+ 이온들은 많은 전이금속에서 전형적이다.

족	금속원자	전자 변화	금속 양이온
7B(7)	Mn(양성자25개, 전자25개)	−2	→ Mn^{2+}(양성자25개, 전자23개)
8B(8)	Fe(양성자26개, 전자26개)	−2	→ Fe^{2+}(양성자26개, 전자24개)
8B(8)	Fe(양성자26개, 전자26개)	−3	→ Fe^{3+}(양성자26개, 전자23개)

불활성 기체는 화학반응을 통해 단원자 양이온이나 음이온을 만들지 않는다.

1.12 | 주기율표에서 원소의 유사성

전자배치를 이해하게 되면서 화학자들은 원소들의 성질의 유사성은 원자가 껍질의 전자배치가 유사하기 때문이라는 것을 알게 되었다. 원자의 전자배치가 원소의 몇몇 물리적 성질과 어떻게 연관되어 있으며 족의 아래로 내려감에 따라, 또 주기를 가로질러 오른쪽으로 감에 따라 이들 성질들이 왜 예측할 수 있는 방식에 따라 변하는가 하는 것을 보여주는 것이다. 이러한 배경 때문에 주기율표는 화학을 공부하는데 있어서 보다 유용한 도구가 되었다. 전자배치와 성질과의 연관성을 이해하여 원소들과 화합물들의 화학적, 물리적 성질들을 연관시키고 예측할 수 있게 될 것이다.

원자 사이의 거리–不可遠 不可近

분자 내에서 원자와 원자 간의 거리는 얼마나 될까? 원자들은 일정한 거리를 유지한다. 너무 가깝지도 그렇다고 너무 멀리 있지도 않는다. 이러한 이유는 원자 내의 핵과 이를 둘러싸고 있는 전자의 특성에 의하여 결정된다. 원자가 서로 접근할 때 가장 편한 거리가 있다. 옆 그림은 이러한 원자간의 거리를 결정하는 레나드존스 포텐셜 그라프로 설명할 수 있다. 원자는 일정한 거리에서 가장 적은 포텐셜(위

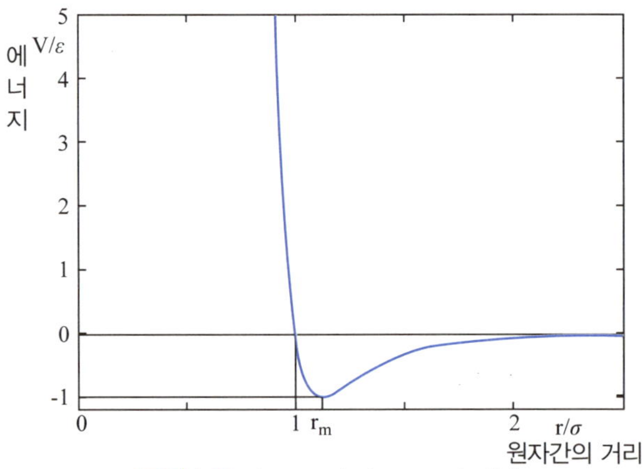

그림 1.15 Lennard–Jones potential

치에너지)를 갖는데 이러한 낮는 에너지를 갖는 것이 원자의 결합을 생성하는 자연의 원리이다. 가장 편한한 거리 그것이 원자의 결합에 의한 거리를 결정하는 것이다. 원자가 서로 너무 다가가면 핵에 의한 반발력이 생겨 위치 에너지가 급격히 증가한다. 그래서 일정한 거리를 유지할 수 밖에 없는 것이다. 너무 멀리도 그렇다고 너무 가깝지도 않은 거리(不可遠 不可近)가 원자 사이의 거리이다.

전자 궤도함수들은 명확한 경계를 갖고 있지 않다. 따라서 어떻게 원자의 크기 혹은 반지름을 정의할 수 있을까? 실제로 몇 가지 방법이 있으나 약간씩 다른 결과를 줄 수 있다.

원자의 크기를 정의하는 가장 간단하고 유용한 방법 중 하나는 원소의 시료에서 원자와 원자 사이의 거리를 구하는 것이다. Cl_2 같은 이원자 분자를 예로 들어 보자. Cl 원자의 반지름은 두 원자 중심 사이의 거리를 실험적으로 측정하고 이 거리의 반으로 가정된다. 염소 분자의 경우 이 거리가 198 pm[3]이므로 Cl 원자의 반지름은 99 pm이다. 마찬가지로, 다이아몬드에서 C−C 거리는 154 pm이므로 77 pm이 탄소의 반지름에 해당된다. CCl_4에서 Cl과 C 사이의 거리를 평가하기 위해 이들을 함께 놓았다. 예측한 거리 176 pm은 실험적으로 구한 C−Cl의 거리 176 pm과 잘 일치한다.

원자 반지름을 결정하는 이 접근법은 원소의 분자 화합물의 경우에만 적용될 것이다. 금속의 경우 원자 반지름은 원소의 결정에서 원자에서 원자까지의 거리를 측정하여 결정할 수 있다.

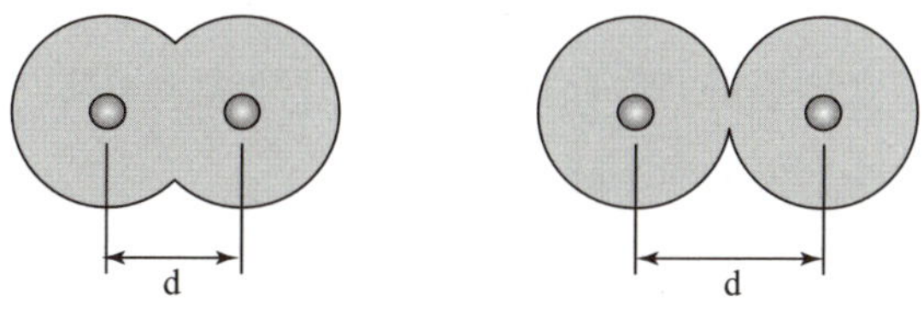

원자 반지름 = d/2

그림 1.16

3 pm(pico meter)는 1m의 10억분의 1, 즉 10^{-9}m이다.

원자 반지름은 주기율표에서 족을 따라 밑으로 내려갈수록 증가하며, 주기를 따라 오른쪽으로 갈수록 감소한다. 이들 주기성은 2가지 중요한 효과를 반영한다.

- 원자의 크기는 가장 바깥껍질에 있는 전자에 의해 결정된다. 주기율표에서 족의 위에서부터 아래로 갈수록 가장 바깥껍질의 전자는 주양자수(n)가 더욱 큰 값을 갖는 궤도함수에 배열된다. 밑에 있는 전자들은 약간의 공간이 필요하므로, 그 결과 가장 바깥껍질의 전자는 핵으로부터 더 멀어진다.
- 주족원소의 경우 주어진 주기에서 원자가 전자 궤도함수의 주양자수(n)는 같다. 주기를 따라 한 원소에서 다른 원소로 갈 때 하나의 양성자가 각 핵에 부가되고 전자는 바깥껍질에 부가된다. 각 단계에서 부가되는 양성자의 효과가 부가된 전자의 효과보다 더 중요하기 때문에 유효 핵전하 Z*는 약간 증가한다. 그 결과 핵과 전자 간의 인력은 증가하고 원자 반지름은 감소하게 된다.

전이금속 원자의 원자 반지름에 대한 주기성은 주족원소의 것과 약간 다르다. 주어진 주기를 따라 왼쪽에서 오른쪽으로 갈수록 반지름은 첫 번째 몇몇 원소에서 감소한다. 전이계열의 중간에 있는 원소의 크기는 전이계열의 끝에서 크기가 약간 증가될 때까지 아주 조금 변한다. 원자의 크기는 가장 바깥 껍질의 전자, 즉 ns 부껍질의 전자에 의해 크게 결정된다. 예를 들면, 첫 번째 전이계열에서 가장 바깥껍질은 4s 전자를 포함하지만, 계열을 따라 이동할 때 전자는 3d 궤도함수에 부가되어진다. 주기를 따라 왼쪽에서 오른쪽으로 이동할 때 원자의 핵전하가 증가되면 원자 반지름을 감소시키게 된다. 그러나 이 효과는 전자들 사이의 반발력이 증가되어 주로 사라진다. 전이계열의 끝인 1B(11)족과 2B(12)족에 도달하면 원자의 크기가 약간 증가한다. 왜냐하면 d 부껍질이 채워지고 전자-전자 간의 반발력이 원자의 크기를 증가시키기 때문이다.

주기율표는 원소들의 유사성을 나열한 것이기 때문에 원자번호와 족 번호에 따라 특성이 결정된다.

먼저 원자 반지름을 결정짓는 인자들을 살펴보자.

① 전자껍질(주양자수)가 많을수록 원자 반지름이 크다.

② 전자껍질이 같으면 양성자수가 많을수록 전자를 잡아당기는 정전기적 인력이 증가하므로 원자 반지름이 작다.

③ 전자껍질과 양성자수가 같으면 전자수가 많을수록 전자들간의 반발력에 의해 원자 반지름이 크다.

같은 주기에서는 원자 번호가 증가할수록 원자 반지름은 감소한다. 이는 같은 주기에서는 원자번호가 증가할수록 유효핵 전하량이 증가하여 전자를 수축하기 때문이다. 즉 원소들이 단단해진다고 생각할 수 있다. 또한 같은 족에서는 원자 번호가 증가할수록 원자 반지름은 증가한다. 주기율표에서 세로축으로 내려 갈수록 원자의 반지름이 증가한다. 이는 전자껍질이 증가하여 전자들이 핵으로부터 멀어지기 때문이다.

그림으로 살펴보면 다음과 같다.

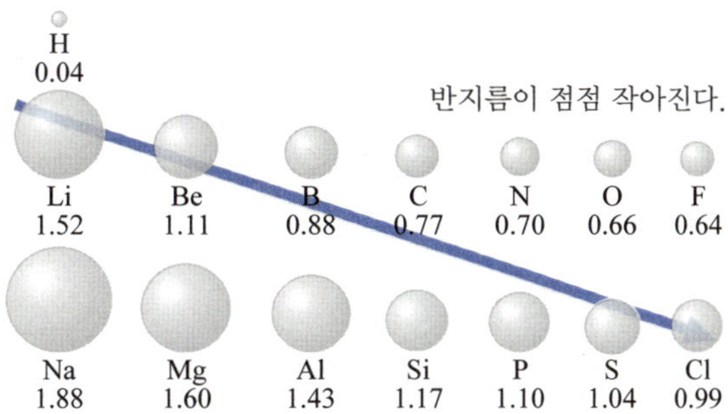

그림 1.17

이온 반지름

주기율표상에서 1A(1), 2A(2), 3A(3) 족의 금속은 1^+, 2^+, 3^+의 전하를 갖는 이온들을 형성한다. 즉, 그들은 각각 1개, 2개, 3개의 전자를 잃는다. A족의 원소를 형성하는 양이온에 있어서 이온에 남아 있는 전자의 수는 주기율표에서 선행하는 불활성 기체에 있는 전자의 수와 같다. 예를 들어, Mg^{2+}는 불활성 기체 네온(원자번호 10번) 원자와 같은 수인 10개의 전자를 갖는다.

주기율표에서 오른쪽에 있는 비금속 원자들은 자신보다 원자번호가 작은 불활성 기체 원자와 같은 수의 전자를 갖게 되려면 많은 수의 전자를 잃어야 할 것이다(예를 들어, 원자번호가 17인 Cl은 Ne의 전자수와 같아지려면 7개의 전자를 잃어야 한다). 그러나 비금속 원자들은 단지 몇 개의 전자만 얻으면 자신보다 원자번호가 약간 큰 불활성 기체 원자와 같은 수의 전자를 갖게 된다. 예를 들어, 산소 원자는 8개의 전자를 갖는다. O^{2-}을 만들기 위해서 2개의 전자를 얻고, 총 10개의 전자를 갖게 되어 네온과 같은 수의 전자를 갖게 된다. 주기율표에서 뒤따라오는 불활성 기체 원자와 같은 수의 전자를 갖는 음이온이 화합물에서 흔하게 관찰된다.

각 원자들이 전자를 얻거나(음이온) 잃으면(양이온) 이온이 된다. 이때 이온 반지름은

① 금속 원자가 양이온으로 될 때 전자껍질수가 감소하므로 감소한다.

② 비금속 원자가 음이온으로 될 때 전자간 반발으로 증가한다.

이온의 반지름은 각 원자들이 독립적으로 존재하거나 다른 원자들과 결합하는 과정에서 중요한 특징으로 작용한다.

이온화 에너지

그러면 전자를 원자로부터 분리하는데 소모되는 에너지는 어떻게 될까?

기체 상태의 원자 1몰(mol)[4]에서 1몰의 전자를 떼어 내어 양이온 1mol을 만드는데 필요한 에너지를 이온화 에너지라 한다. 이온화 에너지는 배터리와 같이 전자를 저장하는 매체에서 매우 중요한 성질로 작용한다.

원자로부터 전자 하나를 떼어내기 위해서는 에너지가 필요하므로 이온화 에너지는 항상 양의 값을 갖는다. 그 값이 클수록 전자를 떼어내는데 더 많은 에너지가 필요하고 따라서 양이온이 되는 것이 어려워짐을 뜻한다.

이온화 에너지를 결정짓는 인자들은 핵과 전자 사이의 인력을 끊는 것이므로 핵과 전자 사이의 인력이 클수록 증가한다.

4 1몰(mol)은 6.022×10^{23} 의 분자 수를 말한다.

① 같은 주기에서 핵의 전하량이 클수록(원자 번호가 클수록) 핵력이 커져서 이온화 에너지는 증가한다.

② 핵과 전자 사이의 거리가 멀수록 이온화 에너지는 감소한다.

③ 같은 전자 껍질에 들어 있는 전자 수가 적을수록 핵의 상대적 인력이 증가하고, 전자들 간의 반발력이 작아져서 이온화 에너지는 증가한다.

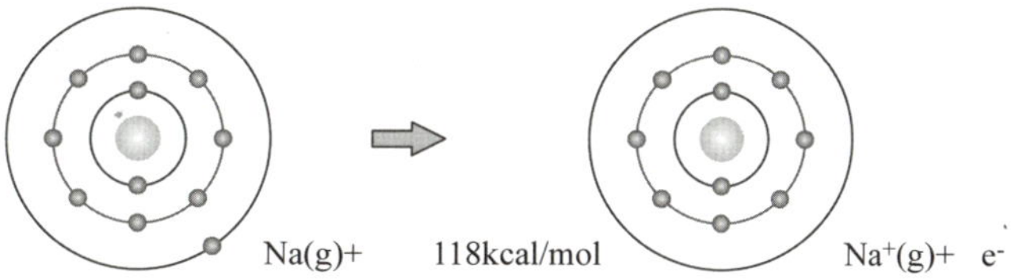

그림 1.18

전자 친화도(전기음성도)–전자를 끌어 당기는 힘

전자 친화도는 원자가 전자를 받아들이기 좋아하는 정도로 설명할 수 있다. 즉 전자를 받아들여 음이온이 되는 성향을 말한다. 기체 원자 1개가 전자 1개를 받아 음이온이 될 때 방출하는 에너지는 전자 친화도가 클수록 전자를 쉽게 받아들여 음이온 되기 쉽다.

전자 친화도의 주기성을 도표로 그려보면 다음과 같다.

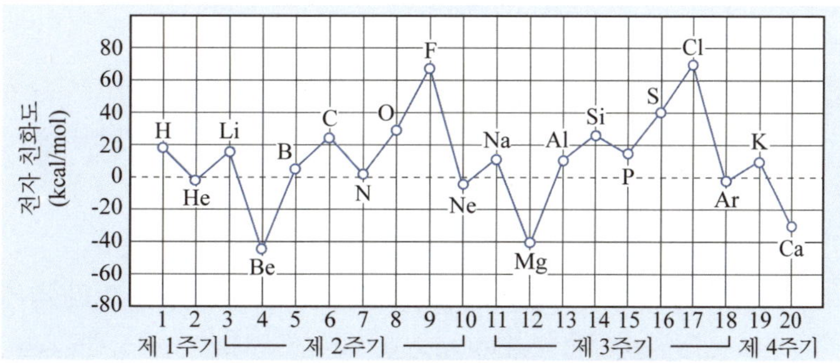

그림 1.19 전자 친화도의 주기적 변화

이 도표로부터 같은 족에서는 원자 번호가 증가할수록 전자 친화도는 감소한다는 것을 알 수 있다. 또한 같은 주기에서는 원자 번호가 증가할수록 전자 친화도는 증가한다는 것을 보여준다.

원소의 주기적 성질

원소 주기율표에서 원소들의 주기적 성질을 표시하면 다음과 같이 정리된다. 파란색 화살표는 이온화에너지, 전자친화도, 전기음성도, 비금속성 · 산화력 등을 표시하고 주기율표의 오른쪽 방향(같은 주기 내에서 원자번호가 증가함)과 작은 세로 방향위로 갈수록(같은 족 내에서 원자번호가 작을수록) 증가한다.

또한 원자반지름, 금속성, 환원력 등은 같은 족에서는 원자번호가 증가할수록 커지고 같은 주기에서는 원자번호가 감소할수록 커진다.

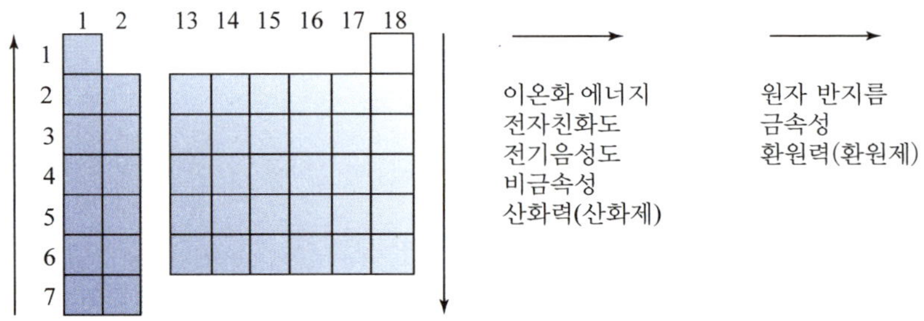

그림 1.20

1.13 | 희귀 원소들의 사용

컴퓨터에도 희소 금속이 사용된다.

21세기의 기술과 산업의 열쇠를 쥔 '희소 금속'이란 경제와 산업 분야에서 사용되는 용어로, 확보하기 어려운 금속을 말한다. 희소 금속을 뜻하는 영어 'rare metal'에서 'rare'는 희소라는 의미이다.

요즘은 '희토류 원소'라는 말도 자주 사용되는 것을 보고 들을 수 있다. 희토류 원소란 화학 용어이며, 화학적인 성질이 아주 비슷한 17종의 원소를 통틀어 일컫는 말이다. 희토류 원소는 모두 희소 금속에 포함된다.

우선 희소 금속이나 희토류 원소가 첨단 기술 제품에 얼마나 많이 사용되고 있는지를 살펴보자.

우리의 생활과 일에서 빼놓을 수 없는 컴퓨터에는 희토류 원소인 '네오디뮴(Nd)'이 사용되고 있다. 컴퓨터의 심장부인 하드디스크(자기를 사용한 데이터 기록 장치)에는 강력한 자석의 재료가 되는 네오디뮴이 반드시 필요하다.

그리고 TV나 PC 등의 액정 디스플레이에는 '인듐(ln)'이 사용된다. 액정 디스플레이에는 '투명한 전지'가 필요하며, 그 재료로 인듐을 빼놓을 수 없다.

자동차에도 사용되는 희소 금속

미래는 전기 자동차의 시대이다. 현재 가장 필요하다고 여겨지는 것은 희토류 원소인 '네오디뮴(Nd)'과 '디스프로슘(Dy)'이다. 모터를 움직이는 강력한 자석은 이들을 이용해서 만들어진다. 앞 페이지에서 본 것처럼, 네오디뮴 자석 모터는 컴퓨터의 하드디스크에도 필요하다.

그리고 자동차에는 네오디뮴과 디스프로슘 이외에도 여러 가지 희토류 원소가 사용된다. 예컨대 배출 가스를 뿜는 자동차의 경우, 배출 가스 정화 장치에는 '백금(플래티나, Pt)'이나 '로듐(Rh)', '팔라듐(Pd)'등이 사용된다. 또 전기 자동차의 경우, 그 배터리에는 '리튬(Li)'이 들어간 리튬 이온 전지가 사용된다.

지금 주목받는 태양 전지에도 희소 금속을 사용하는 유형이 있다.

태양 전지는 '실리콘(규소, Si)'을 재료로 하는 것이 주류였으나, 인듐이나 '갈륨(Ga)', '셀레늄(셀렌, Se)'등의 희소 금속을 사용한 태양 전지가 주목받고 있다. 높은 발전 효율을 가졌다는 점에서 앞으로 수요가 늘어날 것으로 예측된다.

첨단 기술 제품의 뒤에는 '희소 금속'이 있다.

거대한 첨단 기술 제품이라고 할 수 있는 항공기의 부품에도 희소 금속이 활약하고 있다. 예컨대 항공기의 동체에는 '타이타늄(티탄, Ti)'이 사용된다. 타이타늄은 가볍고 녹이 잘 슬지 않는 데다 강도가 매우 뛰어나기 때문에 항공기의 동체에 적합하다.

지금 우리의 생활에서 빼놓을 수 없는 휴대 전화에도 많은 희소금속이 사용된다. 예컨대 액정 디스플레이어에 필요한 투명 전극에는 인듐이, 배터리에는 리튬 이온 전지가 사용된다. 그리고 착신을 알려 주는 진동 기능에는 네오디뮴 자석이 사용된다.

이처럼 우리 주변의 첨단 기술 제품에는 실로 여러 가지 희소 금속이 사용되고 있다. 그리고 이들 희소 금속 없이는 첨단 기술 제품의 놀라운 기능이 실현될 수 없다.

희소 금속이 반드시 희소한 것은 아니다.

'희소 금속'이란 경제와 산업 분야에서 사용되는 용어이다. 그런데 어떤 것이 희소 금속인지는 사실 명확하게 결정되어 있지 않다. 일반적으로 희소 금속으로 54종의 원소가 알려져 있다(단, 구체적으로 어떤 것을 희소금속으로 분류하는지는 연구자나 각 나라의 상황에 따라 조금씩 다르다). 철이나 알루미늄, 구리 등 생산량이 많고 사회에서 대량으로 사용되는 금속은 일반적으로는 어떤 이유에 의해 '희소'한 금속이나 반금속을 희소 금속이라 부른다. 희소한 이유는 희소 금속에 따라 각기 다르다.

우선 첫 번째는 문자 그대로 '지각속의 존재량이 매우 적은 원소'이다. 그 대표적인 예로는 백금족의 원소나 인듐, 레늄 등이 꼽힌다.

원래 희소 금속을 모두 합해도, 지각 속의 존재량은 0.8% 밖에 되지 않는다. 그래서 모든 희소 금속의 존재량이 적은 것처럼 생각된다. 하지만 지각 속의 희소 금속의 존재량이 반드시 적다는 말은 아니다. 그중에는 기본 금속으로 분류되는 금속보다 지각 속의 존재량이 많은 희소 금속도 있다.

풍부하게 있지만 한꺼번에 산출되지 않는 원소

지금부터는 지각 속의 존재량은 적지 않은데도 희소 금속으로 분류되는 원소에 대해 그 이유를 살펴본다.

첫째는 '존재량은 적지 않지만 한꺼번에 산출되지 않는 원소'이다. 예컨대 바나듐의 지각 존재량은 230ppm이다. 이것은 희소 금속이 아닌 '구리'의 지각 존재량 75ppm보다 많다. 그러나 바나듐은 지각에 넓고 희박하게 존재하기 때문에 채굴하기가 어렵다. 이것이 바나듐이 희소 금속이 되는 이유이다. 또 백금은 남아프리카에 거대하고 지상에 가까운 우량 광산이 있으며, 그 광산 지대에만 수만 톤이나 되는 매장량이 확인되어 있다.

문제는 광석에서 추출하려면 1톤이나 되는 광석이 필요하다. 철과 비교해보면, 이제까지 채굴된 백금 광석은 철광석의 약 25분의 1이다. 그러나 거기에서 추출된 홑원소 물질로 보면, 백금은 철의 850만 분의 1에 지나지 않는다.

풍부하게 있지만 정련하는 데 노력과 시간이 필요한 원소

지각 존재량이 적지 않는데 희소 금속으로 분류되는 또 한 가지 이유에 대해 살펴보자. 그것은 '존재량은 적지 않지만 광석에서 꺼내는 데 노력과 시간이 필요한 원소'이다.

예컨대 타이타늄은 지각 존재량이 지각 1톤당 5400g(5400ppm)으로, 칼륨(9100ppm)다음으로 많은 원소이다. 이것은 기본 금속인 구리 등과 비교해도 엄청나게 많아, 존재량으로 보면 무진장한 희소 금속이라고 할 수 있다.

하지만 타이타늄을 광석에서 홑원소물질의 금속으로 꺼내려면 많은 전력을 소비해야 하고 시간도 많이 걸린다. 즉 타이타늄은 생산성이 매우 나쁜 것이다. 이러한 제조 기술상의 사정 때문에 타이타늄은 희소 금속으로 분류된다. 과거에는 지각 존재량 자체는 풍부한 알루미늄(지각 존재량은 8만 4100pp)도 타이타늄과 같은 이유로 희소 금속으로 취급되었다. 그러나 그 후에 효율적인 제련 방법이 확립됨으로써 현재는 희소 금속에서 '졸업'했다. 타이타늄도 가까운 장래에 효율적인 정련 방법이 확립되면, 알루미늄과 마찬가지로 희소 금속에서 졸업할 날이 오리라고 생각된다.

한국의 경우에는, 정부에서 35개 원소를 희소 금속으로 지정했다.

한편 일본 정부는 47개 원소를 희소 금속이라고 정했다. 앞에서 말한대로 희소 금속의 정의 연구자나 나라에 따라 조금씩 다르다.

오른쪽 주기율표에서는 희소 금속에 색을 입혔다. 파란색은 '백금족'이다. 초록색은 '희토류 원소'이다. 붉은색은 일본에서 비축 대상으로 삼고 있는 원소이다. 그 이외의 희소 금속은 노란색으로 나타났다. 이 책에서는 오른쪽 주기율표에서 색이 입혀진 54원소를 희소 금속으로 다룬다.

한국에서는 망가니즈(망간), 코발트, 바나듐, 인듐, 리튬, 크로뮴(크롬), 몰리브데넘(몰리브덴) 등을 주요 비축 대상으로 삼고 있다.

일본 정부에서 희귀 금속으로 정한 47개 원소에는 백금족 가운데 루테늄(Ru), 로듐(Rh), 오스뮴(Os), 이리듐(Ir)이 포함되지 않는다. 그러나 예를 들면 로듐은 자동차의 배출가스 정화장치에 쓰이는 중요한 금속이다. 또 이들 6개 원소는 백금족으로 언제나 함께 산출된다. 그래서 연구자의 대부분은 백금족 모두를 희소 금속으로 다룬다.

희토류 원소는 스칸듐(Sc)과 이트륨(Y), 그리고 주기율표의 '초과자'인 란타넘족(란탄족)'을 합한 17개 원소의 총칭이다.

주기율표에서 란타넘족의 아래는 '악티늄족'이라 불리는 원소 그룹이다. 일본 정부 기준에서는 악티늄족을 희귀한 원소에 포함시키지 않는다. 그러나 많은 연구자는 토륨(Th),과 우라늄(U), 플루토늄(Pu),도 희소 금속에 포함시킨다. 우라늄이나 플루토늄은 원자력 발전의 연료로 중요하며, 토륨은 원자력 발전의 연료 후보로 검토되고 있다. 따라서 희소금속으로 다룬다.

1.14 | 원소와 생명

생체 시스템에 관한 화학인 생화학분야가 점점 발전함에 따라 필수 원소에 대한 지식도 더욱 풍부해지고 있다. 필수 원소들은 생명현상에 매우 중요해서 어느 하나만 모자라도 죽음에 이르던지 아니면 중대한 기형 또는 만성병을 가져오게 된다. 또한 어떠한 원소도 필수 원소를 대체할 수 없다.

많은 생물학적 계의 대부분을 차지하는 원소는 현재까지 알려진 총 116개의 원소 중 11개이며 이들 원소는 대략 상대적으로 동일한 양이 존재한다. 인체에는 전체 원자수의 99.9%를 이 11개의 원소가 차지하며, 전체의 99%를 차지하는 4개의 원소(C, H, N, 0)는 대부분의 생화학적 분자의 기본 구조에서 발견된다. 특히, 물을 구성하는 H와 O는 모든 생물학적 계의 주성분 원소이다.

이 11개 원소 중 7개(나트륨, 칼륨, 칼슘, 마그네슘, 인, 황, 염소)는 인체 내 총 원자수의 0.9%에 불과하며, 이들은 주로 Na^{+}, K^{+}, Mg^{2+}, Ca^{2+}, Cl^{-}, HPO_4^{2+} 와 같이 이온의 형태로 존재한다.

11개의 필수원소는 주기율표의 6개 족에 분포되어 있으며, 원자번호가 21보다 '작은' 원소들이다. 한편 대부분의 생물학적 계는 또 다른 17개의 원소를 필요로 하는데, 이 원소들은 특정 식물과 동물들에서 필수적이다. 이들의 원소의 거의 대부분은 원자번호가 18보다 큰 원소들로서 금속, 비금속, 그리고 준금속에 골고루 분포되어 있다.

표 1.2 인체내의 원소들

주요원소	미량원소
전체 원자의 99.9%(질량백분율 99.5%)	전체원자의 0.1% (질량백분율 0.5%)
C, H, N, O	V, Cr, Mo, Mn, Fe, Co, Ni, Cu, Zn,
Na, Mg, P, S, Cl	B, Si, Se, F, Br, I, As, Sn
K, Ca	

이들 중 금속 원소의 대부분은 미량만 필요하기는 하지만 특정 생체분자를 구성하는 데 있어서 없어서는 안 되는 중요한 것들– 예를 들면, 헤모글로빈(Fe), 미오글로빈(Fe), 비타민 $B1_2$(Co) 등으로 생체 분자들의 기능을 활성화시키거나 조절한다.

인체 내에서는 3~4g의 철이 세포로 산소를 운반시키는 역할을 하는 헤모글로빈에서 발견된다. 철이 부족하면 피로, 감염, 치아 염증을 유발한다. 또한 정상인의 몸속에는 약 2g 의 아연이 있으며, 아연이 부족하면 식욕부진, 발육부진, 피부 변화 등이 나타난다.

인체에는 약 75mg의 구리가 있으며, 이 가운데 삼분의 일 정도는 근육과 다른 세포조직 내에 존재한다. 구리는 여러 생체 기능과 연관되며, 부족하면 빈혈, 신경계 악화, 면역 감소, 모발 손상 등을 유발한다.

표 1.3 중요한 생물학적 원소들의 원천

원소	기원	mg/100g
철	누룩	17.3
	달걀	2.3
아연	브라질 호두	4.2
	닭	2.6
구리	굴	13.7
	브라질 호두	2.3
칼슘	스위스 치즈	925
	전자유(whole milk)	118
	브로콜리	103
셀레늄	버터	0.15
	사과즙 발효식초	0.09

제2장

화학결합 - 원자들의 네트워킹

과 학 으 로 세 상 보 기

2.1 | 원자들의 연결이 분자를 만든다.

아리스토텔레스는 '인간은 정치적 동물'이라 했다. 즉 혼자서 살아가기보다는 무언가 서로 관계를 맺어가며 살아가는 존재라는 말로 해석할 수 있다. 원자들 역시 서로 관계를 맺는다. 즉 서로 결합하여 새로운 형태의 물질을 만든다. 이러한 원자의 결합을 '**화학결합**(chemical bond)'이라 하고 회학결합으로 만들어진 물질들의 총합을 칭하여 '**분자**(molecules)'라고 부른다.

화학결합에는 분자 내 결합과 분자 간 결합이 있다.

화합물의 최대 안정성은 원자가 비활성기체와 같은 전자배열로 될 때이다. 즉 팔전자 규칙(옥테트 규칙)을 만족할 때 가장 안정하다.

루이스구조(Lewis structure)

루이스 점 기호를 사용하여 공유결합을 나타낸 것으로, 공유된 전자쌍을 두 원자 사이에 선 또는 쌍점으로, 각 원자에 존재하는 고립전자쌍도 쌍점으로 나타낸 것이다. 더 간단히 표기하기 위해 공유된 하나의 전자쌍을 단일선으로 나타낸다.

2.2 | 팔전자규칙(octet rule)

수소를 제외한(수소원자는 전자를 1개 가지므로 2개가 되면 전자궤도가 채워진다) 다른 원자들은 결합을 형성한 후 8개의 원자가전자에 의해 둘러싸인다는 법칙이다.

먼저 불소를 예로 들어 보자.

불소는 주기율표상에서 원자번호 9번이고 7족에 자리잡고 있다.

따라서 최외각 전자는 7개이다. 불소원자 2개가 서로 1개의 전자를 공유하면 최외각 전자가 8개가 되어 8전자 규칙이 만족된다.

즉 1개의 전자가 공유되어 서로가 연결된다. 연결되지 않은 전자쌍(공유결합 형성에 포함되지 않은 원자가전자를 지칭)은 **비공유전자** 혹은 **고립전자쌍(lone pairs)**이라고 칭한다.

불소분자(F_2)는 6개의 고립전자쌍을 갖고 있다. 이러한 고립전자쌍은 분자의 성질을 좌우한다.

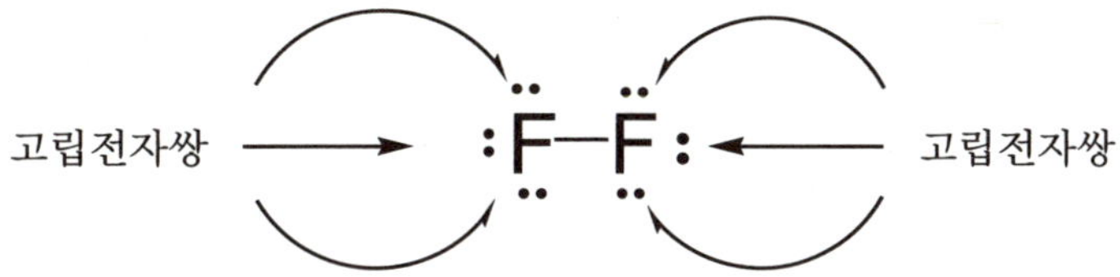

공유결합에 참여한 전자쌍의 수

서로 전자를 공유하여 전자쌍이 형성될 때 공유되는 전자의 수에 따라 결합형태가 결정된다.

단일결합(single bond)–두 원자가 하나의 전자쌍을 공유하는 결합.

수소분자(H_2)나 불소분자(F_2)는 한 쌍의 전자를 공유한다. 이러한 경우 단일 결합이라하고 'H–H' 혹은 'F–F'라 표기한다.

이중결합(double bond)–두 원자가 2개의 전자쌍을 공유하는 결합.

이산화탄소 CO_2를 예로 들어보자. 이산화탄소는 탄소가 산소와 2쌍의 전자쌍을 공유함으로써 8전자 규칙이 만족된다. 이러한 경우를 이중결합이라 하고 'O=C=O'라 표기한다.

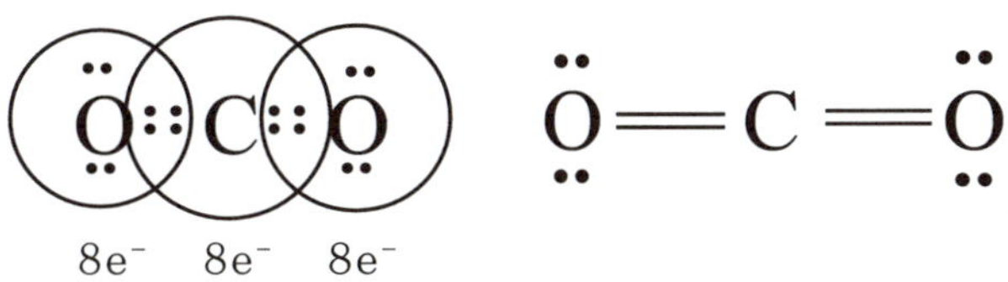

삼중결합(triple bond)-두 원자가 3개의 전자쌍을 공유하는 결합.

공기중에 79% 정도를 차지하는 질소는 3쌍의 전자쌍을 공유할 때 8전자 규칙이 만족된다. 이러한 경우를 3중 결합이라 하고 'N≡N'으로 표기한다.

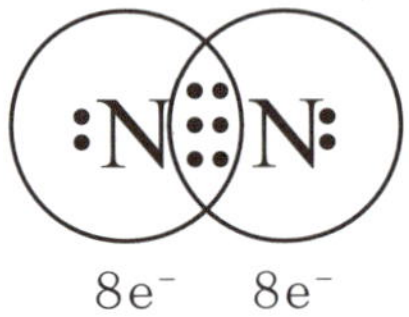

$$:N\equiv N:$$

2.3 | 공유 결합 (共有結合, covalent bond)

앞서 8전자 규칙의 예외인 수소의 경우를 다시 들여다보자. 화학결합은 원자들이 전자를 공유하는 것이며 수소의 최외각전자 1개를 서로 공유하여 수소기체(H_2)가 된다.

$$H\cdot + \cdot H \longrightarrow H : H$$

이때 수소원자들의 원자핵과 전자의 모양은 아래 그림처럼 아령모양의 결합을 이룬다.

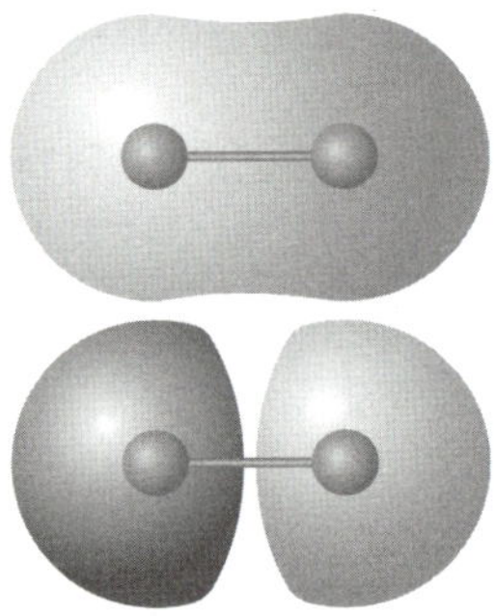

그림 2.1

공유결합에 의한 분자모양의 다양성

공유결합은 화학결합 중 전자를 원자들이 공유하였을 때 생성되는 결합을 이르는 말이다. 공유 결합을 형성하는 분자는 원자핵과 전자쌍간의 인력 및 원자 간 척력에 의하여 안정화되어 있다. 이온 결합이 전기 음성도차이 및 전자에 대한 인력 차이에 의해 분리된 전하를 갖는데 비해, 공유 결합은 전하가 분리되지 않거나(무극성 공유결합), 분리되더라도 적은 정도로만 분리되어 있어(극성 공유 결합) 전자의 쏠림 현상이 크지 않다.

물 분자를 예로 들면, 수소 원자와 산소 원자가 각각 전자를 내놓아 전자쌍을 만들고, 이 전자쌍을 함께 나누어 가짐(공유)으로써 결합되어 있다. 이때 비공유 전자쌍이 공유 전자쌍을 강하게 밀기 때문에 물 분자는 굽은형 구조를 가진다.

양자 역학적으로 규명된 공유 결합은 원자의 혼성 오비탈이 서로 겹침에 의하여 생성되는 결합으로, 오비탈의 상호작용에 따라서 특정한 각도를 유지하려는 특성을 갖고 있다. 하지만 양자 역학에 의한 분자 오비탈에 의하여 공유 결합 및 분자 구조를 설명하는 것은 어렵기 때문에 보다 일반적인 방법으로 고전적인 결합 이론에 의한 루이스 구조식과 VSEPR이론에 의하여 공유 결합에 참여하는 전자나 원자에 대해서 나타낸다. 공유 결합은 오비탈의 종류에 따라서 파이 결합, 시그마 결합, 배위 결합 등을 포괄한다.

두 원자 간의 결합에 있어서 공유하는 전자쌍을 한쪽에서 일방적으로 제공하는 형식의 공유 결합을 배위 결합이라고 부른다. 따라서 배위 결합은 비공유 전자쌍이 있는 곳에서만 일어난다.

예)

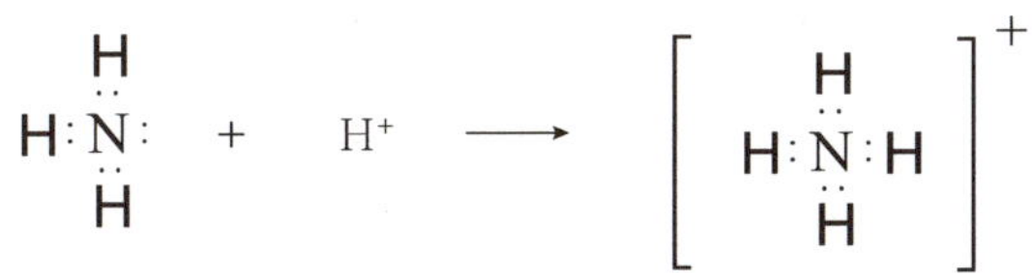

혼성오비탈 (오비탈의 화학적 의미:분자의 구조, 성질)

분자를 형성하기 위해서 원자들은 전자의 결합(공유)을 하게 된다. 루이스구조를 이용하여 원자가 전자(결합에 참여하는 전자, 화학적 특징을 결정)의 배치를 예상할 수 있으며, VSEPR(원자가껍질 전자쌍 반발)이론[5]-원자가 껍질 전자쌍 반발 모형(VSEPR model: Valence-Shell Electron-Pair Repulsion model)-을 통해 분자모양을 형성하기 위해 오비탈들이 어떻게 전자를 공유하고 결합을 형성하는지 알 수 있다. 오비탈은 특정한 궤도가 아니다. 따라서 원자들은 분자를 형성하기 위해 결합에 참여하는 오비탈을 혼성화함으로써 생성되는 분자의 에너지 준위를 낮게 만든다. (각 원자는 분자의 에너지를 최소화하는 방향으로 오비탈을 변형(혼성화)시킨다.) 또, 혼성오비탈 이론에 의해 예측한 분자구조는 루이스 구조에 의해 예측된 전자배치와 일치하므로 분자 구조를 설명함에 있어서 혼성오비탈은 매우 유용하다.

분자구조

중심원자와 주변원자들 사이에 2개 이상의 결합이 있는 다원자 분자의 경우, 서로 다른 결합쌍의 전자 간 반발을 최소화하는 기하학적 구조를 갖는다.

sp혼성[6] 오비탈

sp혼성화 되어있는 분자는 결합각이 180°이며 선형구조이다. 직선구조를 설명하는데에 있어서 sp혼성오비탈을 도입하였다. 두 개의 sp혼성오비탈은 한 개의 s오비탈과 한 개의 p오비탈이 혼성화를 이룸으로써 생긴다. sp혼성오비탈을 가지는 중심원자는 두 개의 유효 시그마결합 전자쌍과 두 개의 파이결합 전자 쌍을 가진다. 이산화탄소(CO_2) 분자에서 중심원자인 탄소가 sp혼성화 되어있고 아세틸렌(C_2H_2)은 두 개의 탄소원자가 sp혼성화되어 있다. 이산화탄소(CO_2)에서 탄소와 산소의 결합은 탄소의 sp오비탈 한 개와 수소의 sp^2오비탈 한 개가 시그마결합을 하고 각

---

5 화학결합의 형성을 설명하기 위하여 도입된 이론으로서 공유결합을 원자 궤도함수(atomic orbital)의 중첩으로 설명한다.

6 혼성 : 어떤 원자의 원자궤도함수가 섞여 혼성궤도함수(hybrid orbital)라고 하는 1쌍의 새로운 원자궤도함수를 만드는 것.

각의 p오비탈이 파이결합을 함으로써 형성된다. 분자 전체는 2개의 탄소=산소 이중결합으로 이루어져 있다. 아세틸렌(C_2H_2) 역시 sp혼성화 되어 있으나 이산화탄소(CO_2)와는 다른 결합구조를 가지고 있다. 아세틸렌은 두 개의 탄소의 sp오비탈이 시그마결합을 하고 각각의 탄소가 가지고 있는 두 개의 p오비탈이 서로 파이결합을 함으로써 탄소간의 결합이 형성된다. 분자 전체는 한 개의 탄소≡탄소 삼중결합과 두 개의 탄소−수소 단일결합으로 이루어져 있다.

sp 혼성(hybridization)

예) $BeCl_2$: 선형구조

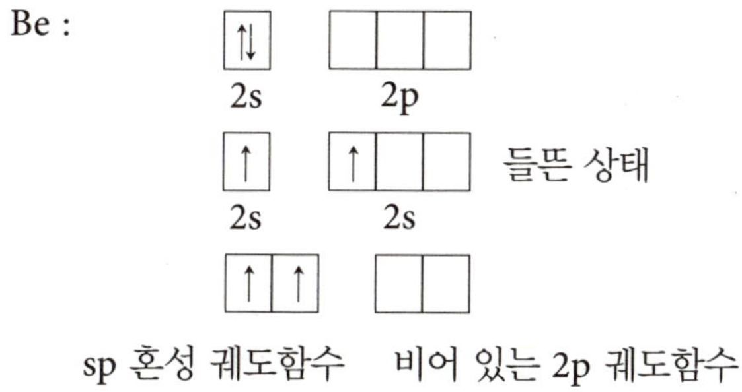

1) 중심원자에 비공유 전자쌍이 없는 분자

AB_x (A는 중심원자)의 경우

ⅰ) x=1 인 경우 AB는 선형

ⅱ) x=2인 경우 AB_2 : 예) 염화베릴륨($Becl_2$), 이산화탄소(CO_2)

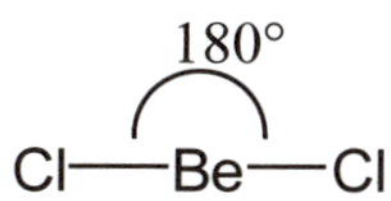

: 루이스 구조

결합쌍들이 서로 반발하기 때문에 가능한 서로 멀리 떨어져 있고자 한다.

2) sp^2 혼성[2]

sp^2혼성오비탈은 한 개의 s오비탈과 두 개의 p오비탈이 혼성화되어 새로운 세 개의 혼성오비탈을 만들어낸다.

예) RF_3 : 평면 삼각형 구조

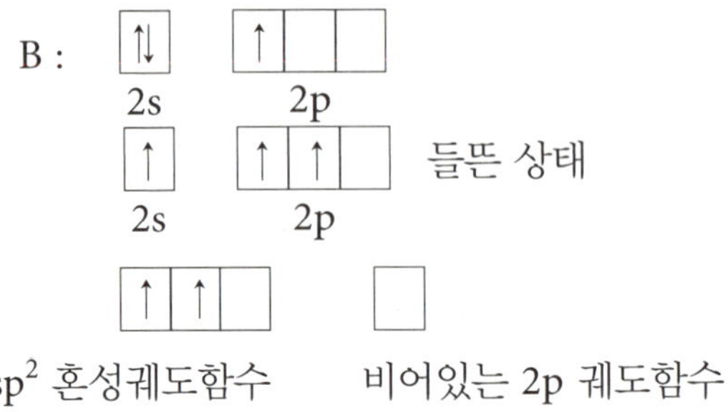

• 결과적으로 약 120°의 결합각을 갖는 평면 삼각형 구조

3) 중심원자에 비공유 전자쌍이 1개 이상 있는 분자

sp^3 혼성

정사면체 구조를 하고 있는 물질들은 sp^3혼성화되어 있다. 대표적인 sp^3혼성화 물질인 메테인의 중심 탄소원자를 생각해보자. 혼성화를 고려하지 않고 생각해보면, 중심 탄소원자의 2s오비탈과 3개의 2p오비탈이 수소의 1s오비탈과 결합하여 4개의 결합팔을 형성할 것이라고 예상할 것이다. 그러나 여기서 각각의 고립되어 있는 오비탈들은 불안정한 결합을 형성할 수 있으므로 화학결합을 논하기에는 부적절하다. 또 오비탈이 고립되어 있다고 가정하고서는 메테인의 정사면체구조를 설명할 수가 없다(각각 오비탈의 에너지 준위가 다르기 때문에 결합팔의 길이도 달라질 것이므로). 그래도 도입한 이론이 혼성화 이론이다. 혼성화이론에 의하면 탄소의 2s, 2p오비탈들을 혼성(sp^3혼성)하여 결합에 참여하는 새로운 오비탈을 만들게 되는 것이다. 2s, 2p오비탈은 서로 모양이 다르지만 새로 형성된 sp^3오비탈의 모양은 모두 같으며 이는 수학적으로 계산이 가능하다. 어떤 중심원자에 의해서 정사면체 구조가 형성이 되면 그 중심원자는 항상 sp^3혼성오비탈을 가지고 있다고 할 수 있다.

예) CH_4 : 정사면체 구조

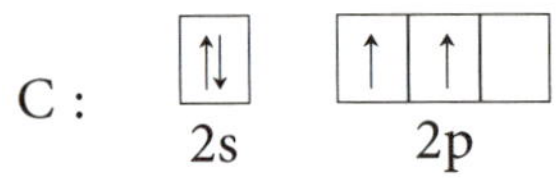

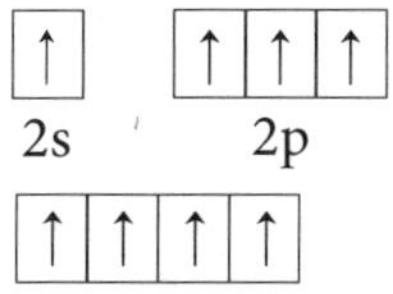

들뜬 상태

sp^3 혼성궤도함수

• 따라서 CH_4는 109.5°의 결합각을 갖는 정사면체 구조

3가지 다른 형태의 반발력이 존재하며 반발력의 크기 순서는 다음과 같다.
비공유–비공유 전자쌍 > 비공유–공유 전자쌍 > 공유–공유 전자쌍

i) 메탄(CH_4) – 정사면체

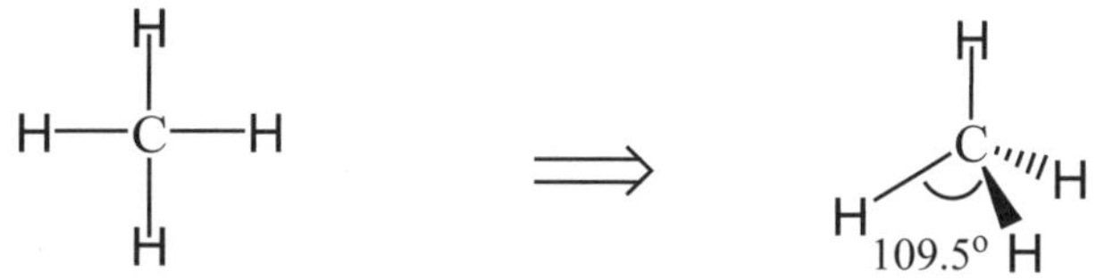

루이스 구조 실제 분자 구조

ii) 암모니아 (NH_3) – 삼각뿔 모양

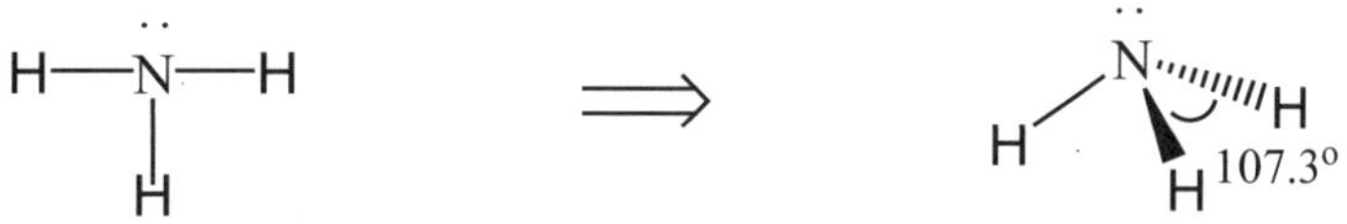

루이스 구조 실제 분자 구조

NH_3의 경우 CH_4와 마찬가지로 sp^3 혼성 궤도함수를 갖지만 비공유 전자쌍과 결합궤도 사이의 반발력에 의해 결합각(NHH)은 109.5°에서 107.3°로 감소된다.

iii) 물(H_2O) – 굽은형

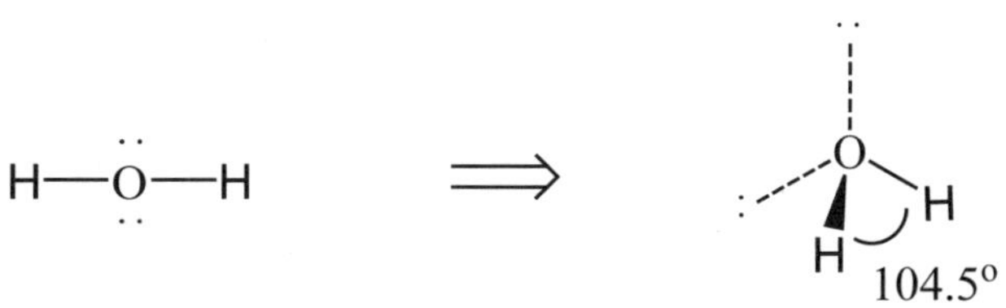

루이스 구조 실제 분자 구조

iv) 사플루오르화 황(SF_4) – 삼각 쌍 뿔

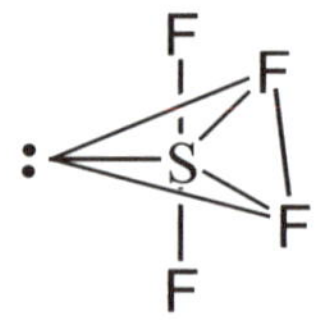

루이스 구조 실제 분자 구조

4) 2개 이상의 중심 원자를 가지고 있는 분자

예) 메탄올(CH_3OH)

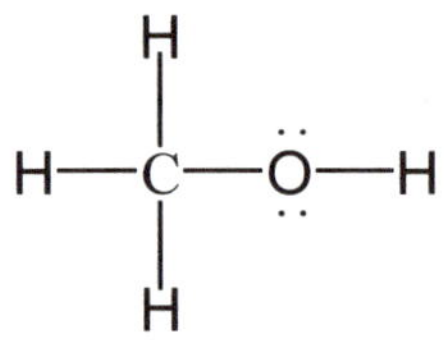

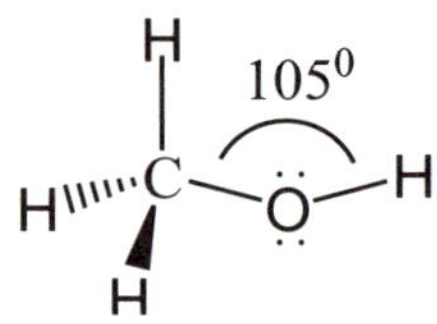

루이스 구조 실제 구조

2.4 | 쌍극자 모멘트(dipole moment) – 전자들의 쏠림 현상

물의 경우 전기 음성도가 큰 방향으로 십자화살(⟶)로 표시해보자.

산소원자는 전자친화도(전기음성도)가 크다. 따라서 수소원자로부터 전자를 끌어들인다(하늘색 화살표). 한편 비공유 전자쌍은 전자를 끌어들이는 역할을 해서 산소원자 방향으로 전자를 더욱 쏠리게 한다. 결국 전자는 산소원자를 중심으로 쏠림현상이 발생하고 궁극적으로 분홍색의 쌍극자 모멘트가 생기게 된다.

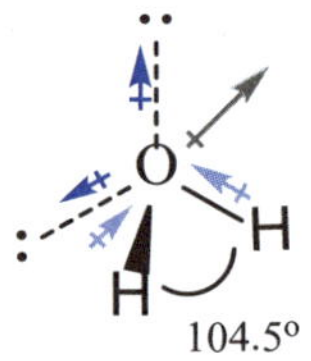

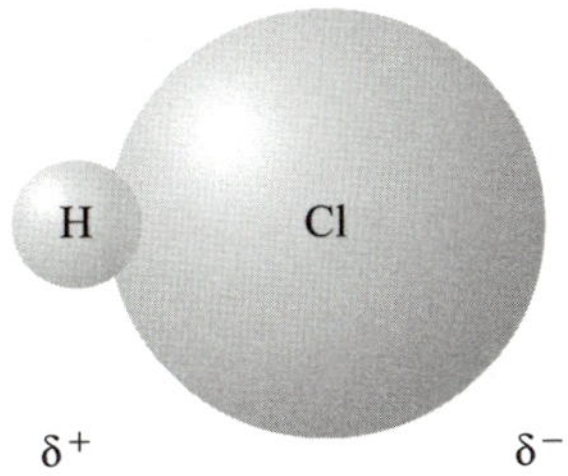

그림 2.2 염화수소의 전자 편재화 현상– 전기음성도가 상대적으로 큰 염소원자에 의해 전자 쏠림현상이 발생한다.

물은 이러한 쌍극자 모멘트에 의하여 극성인 물질이 된다. 극성이란 전자가 한쪽으로 치우쳐져 전자가 편재화된 분자를 말한다.

염화수소(HCl)를 예로 들어 보자.

- 염화수소(HF)

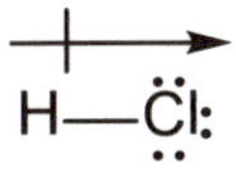

염화수소는 염소원자에 전자가 편재화되어 극성분자가 된다.

쌍극자 모멘트(μ)의 크기는 전하량과 원자핵간의 거리 즉 원자크기에 비례한다. 이를 식으로 표시하면 $\mu = Q \times r$(Q:전하량, r:핵간거리)과 같다. 단위는 디바이(Debye; D로 표시함)를 사용한다. $1D = 3.33 \times 10^{-3} \cdot m$(C:coulpmb, m:meter)

비극성분자의 예를 들어보자. 이산화탄소는 비극성 분자이다. 산소원자는 탄소로부터 전자를 끌어당기지만 양방향으로 상쇄되어 쌍극자 모멘트를 갖지 않는다.

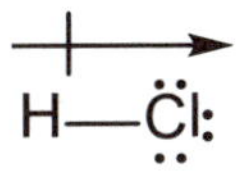

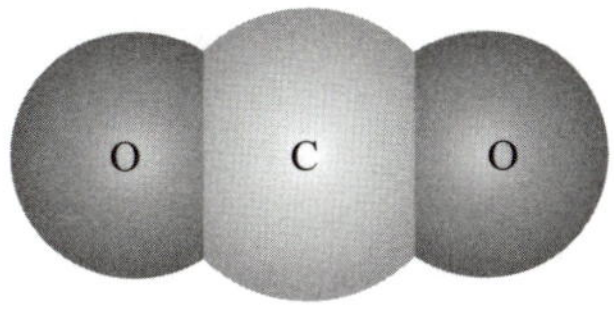

극성과 비극성은 우리생활에서 중요한 역할을 한다. 극성은 극성인 분자와 섞이고 비극성은 비극성 분자와 섞인다. 분자들도 성질이 같은 분자끼리 모인다는 것이 재미있지 않은가? 물과 기름이 섞이지 않는 것은 물은 극성분자이고 기름(oil)은 비극성 분자이기 때문이다.

2.5 | 이온 결합

이온 결합은 금속과 비금속 이온(또는 암모니움과 같은 다중 원자 이온) 사이에 자주 형성되는 정전기 인력을 통한 화학결합의 한 형태이다. 간단하게 설명하면 반대로 하전된 이온간의 인력에 의해 형성된 결합이다. 결합력은 원자끼리 전자를 주고 받아서 +와 −이온으로 되었을 경우에 생기며 두개의 이온사이의 정전기적 힘에 의한 이온결합으로 NaCl결정이 대표적인 예이다.

이온화합물의 화학식: 금속원자의 Lewis기호에서 전자점을 제거하고 이 점들을 비금속 원자에게 주고 원자가 껍질을 완성시킨다.

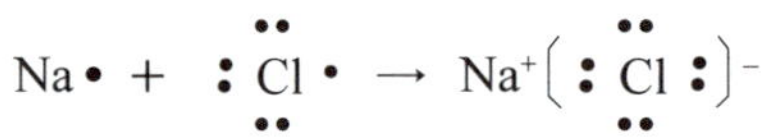

Lewis 구조식

화학식 = Nacl

이것은 결합하는 원자가 전자가 서로 다른 전하(電荷)를 갖는 Na^+와 Cl^-의 경우이므로 이극(異極)결합이라고도 부른다. 이와 같은 이온결정의 경우에는 전자(電子)가 2개의 이온 사이에 고정되므로 금속과 같은 전기전도는 불가능하지만 이온전도는 약하게 일어난다. 또한 외력을 가하면 금속의 경우, 늘어나면서 변형하지만 이온결합의 경우는 일정한 원자면을 따라 취성파괴가 일어난다.

2.6 | 금속결합

금속원자의 결합도 같은 종류의 원자간에 작용하는 힘에 의한 것으로 최외곽전자가 각 원자에서 나와 이들이 서로 연결되어 원자를 결합하는 것으로 일종의 공유결합이다. 단, 공유결합과 다른 점은 튀어나온 전자가 특정한 2개 원자에만 공유되지 않고 금속결정을 구성하고 있는 원자 전체에 공유된다는 점이다. 즉, 금속결합은 최외곽전자와 유리된 금속원자가 모든 원자 전체를 에워싸는 수많은 전자의 두꺼운 구름 중에 박혀있고 유리된 전자구름과 잔여 금속이온군 사이의 상호작용에 의해 각 원자가 서로 결합되어 있다는 것이다. 따라서 전자구름속에서는 전자가 결정 전체를 자유롭게 이동할 수 있으므로 전기 및 열을 잘 전달한다. 또한 금속원자는 모두 등가(等價)이고 외부로부터 응력을 가하면 어느 장소에서 이들 결합이 파괴되고 미끄러져도 쉽게 다시 결합될 수 있으므로 소성변형이 가능하며, 가시광선이 금속에 닿으면 전자구름에서 산란되어 금속광택을 나타낸다.

2.7 | 분자간의 결합력(intermolecular force)

수소결합

수소결합은 질소(N), 산소(O), 플루오르(F) 등 전기음성도가 큰 원자와 분자 중에 수소원자 사이에서 발생하는 당기는 힘으로 인하여 분자간에 끌어당기는 힘, 즉 분자간 인력을 말한다 .

N−H, O−H 또는 F−H와 같은 극성 결합내의 수소 원자와 전기음성도가 큰 O, N, 또는 F같은 원자간의 특별한 간섭으로 비슷한 분자량을 가진 분자보다 끓는점이 높아지는 현상이 발생한다.

예를 들어 분자량이 18g인 물의 끓는 온도는 100℃인데 분자량이 16g의 메탄의 경우에는 끓는 온도가 −164℃ 이다. 분자간에 수소결합을 하는 경우에는 분자 사이에 생긴 수소 결합의 강한 인력을 끊기 위해서 많은 에너지가 필요한데 이로 인하여 같은 양의 에너지를 가할 때 다른 물질에 비해 온도가 쉽게 올라가지 않는 결과로 끓는점과 어는점이 높아진다. 또한 수소결합 분자의 경우에는 부분적으로 (+)전하와 (−)전하를 띠게 되어 분자가 굽어지게 되며 이러한 결과로 극성(polar)을 갖게 된다. 대표적인 극성물질인 물을 예로 들면 물(H_2O) 분자를 구성하는 2개의 수소(H) 원자가 (+)전하를 띠고, 한 개의 산소(O) 원자가 (−)전하를 띠어서 굽은형 구조를 나타낸다. 이때 물은 극성을 띠게 되는데, 이런 극성 때문에 (+)전하를 띠는 수소 원자와 (−)전하를 띠는 산소 원자 사이에 강한 정전기적 인력이 생겨서 결합이 형성된다. 물이 갖는 여러 가지 독특한 성질, 높은 비등점, 높은 표면장력, 높은 밀도, 얼음이 되면 부피가 증가하는 현상 등은 수소결합에 의한 것이며 물이 갖는 극성의 성질은 생명현상에서 중요한 역할을 한다.

반데르발스 힘(Van der Waals force)

분자들끼리 상호간에 작용하는 힘을 '반데르발스 힘'이라 한다. 이러한 힘의 원천은 원자에 의하여 형성된 분자의 특성에 좌우된다. 반데르발스 힘은 쌍극자−쌍극자, 쌍극자−유도쌍극자, 분산력이 있다. 쌍극자−쌍극자 힘(dipole−dipole force)은 극성분자(쌍극자 모멘트를 갖는 분자)들 사이에 작용하는 힘으로 정전기적(electrostatic)인력이다. 따라서 정전기힘을 결정하는 쿨롱의 법칙으로 이해할 수 있다. 앞서 설명한 수소결합도 강한 쌍극자−쌍극자 간섭의 한 형태로 이해할 수 있다.

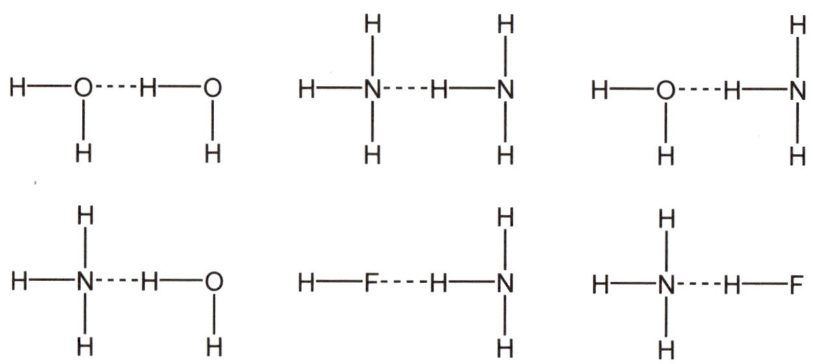

• 실선 : 분자 내 공유결합 • 점선 : 분자 간 수소 결합

유도쌍극자(induced dipole)는 이온이나 극성분자의 근접에 의해 원자나 비극성 분자 내의 양전하와 음전하의 분리되어 생긴다. 즉 유도 쌍극자는 전하, 쌍극자의 세기, 원자. 분자의 편극도[7]에 의존한다. 분산력(dispersion force)은 원자나 분자에 유도된 한시적 쌍극자(instantaneous induced dipole)에 의해 생기는 인력이며 원자나 비극성분자를 포함한 모든 분자에 존재한다. 즉 분자 자체의 인력인 것이다.

7 편극도(polarizability): 원자나 분자내의 전자들이 편재되기 쉬운 정도로 전자의 숫자가 많고 전자구름이 흩어져 있을수록 편극도 크다.

제3장

분자의 변신-이온

과 학 으 로 세 상 보 기

3.1 | 전자의 잃음과 얻음-이온

'이온'의 정체를 살펴보자.

20세기에 들어와 원자의 구조가 밝혀지게 되었다. 원자는 '양성자' 및 '중성자'로 이루어지는 원자핵과 전자로 구성된다 사실이 규명됨으로써 이온의 정체도 밝혀졌다.

모든 원자는 양성자와 전자의 수가 같다. 그러나 어떤 원자에서는 전자가 11개가 있어야 하는데, 이온에서는 전자가 10개 밖에 없었다. 어떤 원자에서는 전자가 7개가 있어야 하는데, 이온에서는 전자가 8개나 있었다. 이온에서는 양성자와 전자의 수가 맞지 않는 것이다.

양성자는 양(+) 의 전기(전하)를 가지고, 전자는 음(−)의 전기(전하)를 갖는다. 그래서 양의 전하를 가진 양성자의 수가 음의 전하를 가진 전자의 수보다 많으면, 이온 전체가 양전하를 띠게 된다. 이것이 '양이온'의 정체이다. 반대로 전자의 수가 양성자의 수보다 많으면 이온전체가 음전하를 띤다. 이것이 '음이온'의 정체이다.

예를 들면 산소 원자는 양성자를 8개, 전자를 8개 갖는다. 이에 비해 산소 이온은 양성자를 8개, 전자를 10개 갖는다. 전자가 2개 많다는 점에서, 산소 이온 전체로는 음전하를 갖게 되는 것이다. 이 경우, 전자가 2개 더 많으므로 '2가(價)의 음이온'이라고 표현한다.

그림에서는 몇 가지의 원자와 이온을 예로 들어. 그림에서는 위에 구조의 모식도, 아래에서는 양성자와 전자를 나열해 그 수를 한눈에 알 수 있게 했다. 각 그림의 가운데에는 양성자 수를 숫자로 나타냈다. 모든 이온에서 양성자와 전자의 수가 서로 다른 것을 알 수 있다.

여러 가지 이온이 있다. 그 법칙은?

더 많은 이온을 보기로 하자. 아래의 모식도에서는 위쪽에 원자, 아래쪽에 이온을 나타냈다. 모든 이온에서 양성자와 전자의 수가 다름을 알 수 있다. 그러면 원자

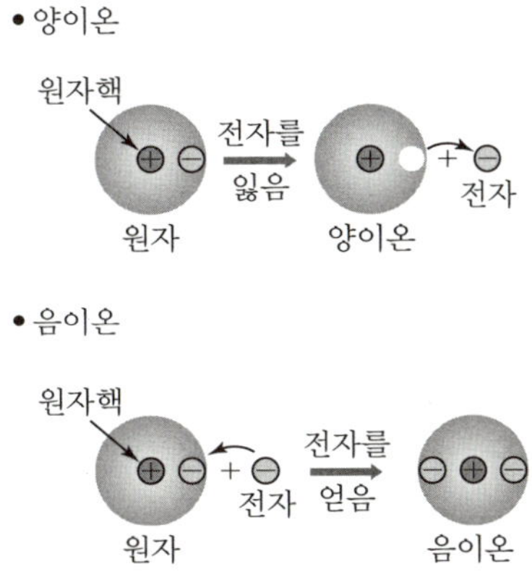

그림 3.1

가 이온이 될 때, 전자의 수가 얼마나 증감하는지에 대한 법칙은 없을까?

그 열쇠는 '전자껍질'에 있다. 전자는 원자핵 주위의 전자껍질에 들어 있다. 전자껍질에는 말하자면 전자가 들어갈 '자리'가 준비되어 있다. 가장 바깥쪽의 전자껍질(최외각)에 있는 자리가 전자로 채워지면 안정 상태가 된다는 사실이 알려져 있다.

예컨대 염소 원자는 가장 바깥쪽 껍질의 빈자리가 1개 밖에 없다. 그래서 1개의 전자가 늘어나 음이온이 되면 빈자리가 채워져 안정된다.

그에 비해 나트륨 원자는 가장 바깥쪽의 껍질에 전자가 2개만 채워지고, 나머지 7개는 빈자리이다. 그래서 전자가 1개 줄어, 양이온이 되면 안정된다. 가장 바깥쪽 껍질의 빈자리가 이미 메워져 있는 네온 원자 등은 이온이 되기 어렵다.

전자가 몇 개나 증감해 이온이 되는지는, 가장 바깥쪽 껍질의 빈자리의 수에 따라서 결정된다. 주기율표의 세로열은 가장 바깥쪽 껍질에 있는 빈자리의 수가 거의 같기 때문에, 이온이 될 때 전자의 증감하는 수가 대개 같다.

양이온과 음이온은 서로 끌어당긴다.

이온은 어떻게 해서 생길까? 우리의 일상생활에서도 원자는 다른 원자에 전자를 넘겨주거나 받음으로써 이온이 되어 존재한다. 이를테면 우리 주변에서 보는 가까운 예의 하나가 소금(염화나트륨)이다. 소금은 염화 이온과 나트륨 이온으로 되어 있다.

나트륨 원자를 보면, 가장 바깥쪽 전자껍질에 전자가 1개 밖에 없다. 염소 원자는 가장 바깥쪽 전자껍질에 전자가 7개 밖에 없는데, 이는 자리가 하나 비어 있다는 뜻이다. 그래서 두 원자가 접근하면 더욱 안정되기 때문에, 나트륨이 전자 1개를 염소에게 넘긴다.

나트륨 원자는 전자(-)를 하나 잃기 때문에 전체적으로는 양이온이 된다. 이에 비해 염소 원자는 전자(-)를 1개 받게 되어, 전체적으로 음이온이 된다.

양이온과 음이온은 각각 가진 양과 음의 전하로 서로 끌어당겨, 결국 결합하게 된다. 이 결합을 '이온결합'이라 한다. 나트륨 이온과 염화이온이 서로 잡아당김으로써 결합되어, 결국 소금이 된 것이다.

이처럼 원자가 상대방 원자에 전자를 넘겨주고, 각각이 이온이 되어 결합한 물질은 많다. 소금과 마찬가지로, 나트륨이 전자를 넘겨준 물질만으로 우리의 재료가 되는 산화나트륨이나 충치예방에 쓰이는 플루오린화나트륨 등이 있다.

3.2 | 이온이 만드는 세상

물에 넣으면 이온으로 나누어지는 메커니즘

소금(염화나트륨)이 물에 녹는 것을 예로 생각해보자. 물에 녹는다는 말은 물 분자와 균일하게 섞인다는 것을 뜻한다. 소금은 물에 녹으면, 결합해 있어야 할 염화나트륨이 나트륨 이온과 염화 이온으로 뿔뿔이 흩어진다. 소금물이란 염화나트륨이 녹아 있는 것이 아니라, 나트륨 이온과 염화 이온이 뿔뿔이 흩어져서 물 분자와 섞인 상태를 가리킨다. 소금물이 짠 이유는 주로 나트륨 이온의 맛을 느끼기 때문이다.

그러면 나트륨 이온과 염화 이온은, 양과 음이 서로 끌어당겨서 결합하는 있는데 왜 뿔뿔이 갈라질까? 그것은 물의 '극성(極性)'이라는 성질 때문이다. 1개의 물 분자에는 약한 양을 가지는 부분과 양한 음을 가지는 부분이 있다. 이러한 전하의 치우침이 있는 상태를 '극성'이라고 부른다. 물 분자의 극성에 의해, 소금은 물과 균

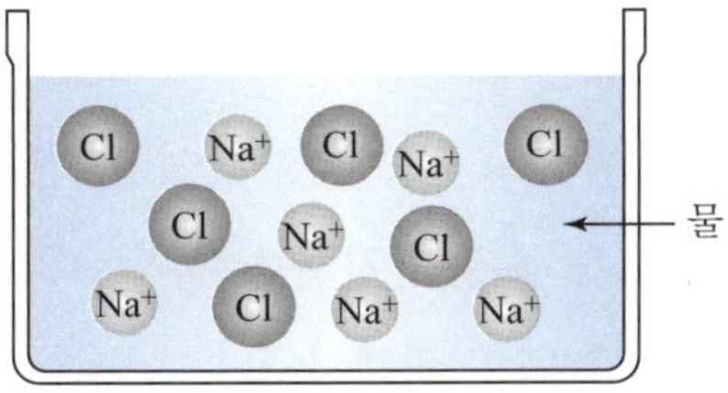

그림 3.2 소금물의 물에 대한 용해

일하게 섞일 수 있다. 소금(염화나트륨)을 물에 넣으면 주위를 물 분자가 둘러싼다. 양전하를 가지는 나트륨 이온에는 물 분자의 음 부분이, 음전하를 가지는 염화 이온에는 물 분자의 양 부분이 서로 잡아당겨 둘러싼다. 그리고 몇몇의 물 분자가 둘러쌈으로써 소금의 고체에서 이온을 빼 나간다. 이렇게 해서 물 안에 이온이 퍼지고, 소금은 물에 녹게 된다.

바닷물과 혈액의 성분은 비슷하다.

바다의 '물'에는 지구상에 존재하는 거의 모든 종류의 원소가 녹아 있다. 그 가운데 가장 많이 녹아 있는 원소는 나트륨과 염소이다.

성인 남성의 경우 몸무게의 약 60%가 물이라고 하며, 그 가운데 약 30%가 혈액과 조직액이다. 조직액이란 모세혈관에서 스며 나와, 세포와 세포 사이를 채우고 있는 액체이다.

혈액과 조직액에 녹아 있는 주된 원소는 바닷물과 똑같이 나트륨과 염소이다. 나아가 혈액과 조직액 속에는 칼륨과 칼슘, 마그네슘 등이 녹아 있으며, 이들 원소도 바닷물에 많이 녹아 있는 성분이다. 혈액과 조직액, 바닷물에 많이 녹아 있는 원소를 비교해 보면, 농도는 달라도 녹아 있는 원소의 종류는 매우 비슷하다.

그러면 왜 바닷물과 혈액과 조직액의 성분이 비슷할까? 지구상에 가장 먼저 탄생한 생명은 바다 속의 작은 단세포 생물이었다고 생각된다. 혈액이나 조직액의 성분이 바닷물의 성분과 비슷한 이유는, 단세포 생물이 바닷속을 떠도는 것처럼 사람의 세포 하나하나도 조직액이라는 바다 속을 떠돌고 있기 때문이라고 한다.

이온으로 나누어지는 것을 어는 온도로 실감한다.

소금은 이온으로 나누어져 물에 녹는데, 설탕은 이온으로 나누어지지 않는다. 겨울에는 도로에 동결 방지제를 뿌리는 일이 있다. 도로의 물이 얼어서 자동차가 미끄러지는 것을 막기 위해서이다. 소금은 동결 방지제로 상용되기도 한다. 이는 소금물이 잘 얼지 않는다는 점을 이용한 것이다. 예컨대 소금을 물에 충분히 녹이면, 그 물이 어는 온도(어는 점)는 −21℃까지 내려간다.

이 '어는 점 내림'이라고 불리는 현상은 설탕을 물에 녹여도 일어난다. 그러나 소금과 설탕을 각각 같은 분자 수만큼 물에 녹여 온도를 내리면, 소금은 −2℃까지 온도를 내려야만 어는 데 설탕은 −1℃에서 언다. 왜 그럴까?

물 속에 녹는 입자의 수가 많을수록, 물은 쉽게 얼지 않는다. 즉 더욱 낮은 온도에서 얼게 되는데, 소금 쪽이 녹는 입자의 수가 많은 것이다.

설탕은 소금과 달라서 설탕 분자 자체가 물 속에 녹는다. 설탕 1분자를 물에 녹이면, 물에 녹은 입자는 1개이다. 이에 비해 소금 1분자를 물에 녹이면, 나트륨 이온과 염화 이온으로 나누어진다. 말하자면 녹은 입자가 2개가 된다. 따라서 녹은 입자 수가 많은 소금은 더욱 온도를 내려야만 얼게 된다. 이 '어는점 내림'의 분자적인 메커니즘은 아직도 완전히 규명되지 않은 수수께끼의 하나이다.

원래 전기가 통하지 않는 물에 왜 전기가 통할까?

물에 젖은 손으로 플러그를 잡고 콘센트를 꽂으면 감전의 위험이 있다. 그러나 사실은 순수한 물(물 분자만으로 이루어진 물)에는 전기가 통하지 않는다. 이온이 녹은 물에 전기가 통하는 것이다.

예컨대 수돗물에는 여러 가지 이온이 녹아 있다. 수돗물에는 소금 성분인 나트륨 이온이나 염화이온, 나아가 칼륨이온 등 이른바 '미네랄' 성분이 녹아있다. 그래서 수돗물에는 전기가 통한다.

더욱이 손에 묻은 수돗물에는 앞서 말한 이온에다, 땀의 성분 등이 이온으로 녹아 있다. 그래서 손에 묻은 물은 전기가 매우 통하기 쉬운 상태로 되어 있다.

전기는 전자 등이 이동함으로써 흐른다. 그리고 이온은 전자를 주거나 받음으로써 생긴다. 그래서 이온은 전기를 통하게 하는 역할을 한다. 이온이 음극에서 전자를 받고, 양극에 전자를 넘겨줌으로써 전자가 움직여 전기가 흐르는 것이다.

그런데 이온이 녹아 있지 않은 물(순수한 물)도 높은 전압을 걸면 아주 미약하지만 전류가 흐른다는 사실이 알려져 있다. 이는 순수한 물속에는, 미량이지만 물 분자가 수소이온(H^+)과 수산화 이온(OH^-)으로 나누어져 있기 때문으로 생각된다.

왜 금속은 전기가 통하고, 설탕물은 전기가 통하지 않을까?

이온이 녹은 물(소금물 등)에 전기가 흐르는 원리를 살펴보았다. 그러면 금속과 설탕물의 경우에는 어떨까?

우선 금속은 전기를 흐르게 하는 것으로 잘 알려져 있다. 그러나 금속에 전기가 흐르는 메커니즘은 소금물에 전기가 흐르는 메커니즘과 다르다. 금속은 자유로이 돌아다니는 '자유 전자'를 가지고 있다. 그래서 그 전자가 움직여 전기를 흐르게 하는 역할을 함으로써 전기가 흐르는 것이다.

한편 설탕물은 소금물이나 금속과 달리 전기가 흐르지 않는다. 순수한 물에 설탕이나 포도당을 녹이더라도 분자가 나누어지는 것이 아니라 분자채로 물에 녹는다. 그래서 설탕물 속에 이온이 생기지 않는다. 따라서 전기를 흐르게 해주는 존재가 없기 때문에, 설탕물에는 전기가 흐르지 않는다.

양이온이 되기 쉬운 원자가 있을까?

여기까지 이온과 그 성질에 대해 설명했다. 그러면 이온이 되기 쉬운 정도가 원자에 따라 차이가 있을까?

이온이 되기 쉬운 정도를 나타내는 지표 중 하나가 '이온화 에너지'이다. 이온화 에너지는 전자로부터 전자 2개를 빼앗는데 필요한 에너지를 가리킨다. 이온화 에너지가 작을수록 전자를 빼앗기기 쉽고, 양이온이 되기 쉽다.

소금(염화나트륨, NaCl)을 예로 생각해보자. 이온화 에너지는 작은 나트륨(Na)은 전자를 염소(Cl)에 넘겨주고 양이온이 된다. 또 생석회(신화칼슘, CaO)에서는 칼슘 이온 (Ca^{2+})이 양이온이 되어, 산화 이온(O^{2-})과 결합한다.

이처럼 원소의 조합에서 입체 주기율표를 보면, 어느 원소가 양이온이 되어 결합하기 쉬운가를 대략 알 수 있다.

대개 금속(노란색)은 이온화 에너지가 작고, 양이온이 되기 쉬운 것이 많다. 그에 비해, 비금속(푸른색)은 이온화 에너지가 크고, 양이온이 되기 어렵다. 일반적으로 양이온이 되기 위운 것은, 음이온으로는 되기 어려운 것이 많다.

한편 음이온이 되기 쉬운 정도에는 '전자 친화도'라는 지표가 있다.

원자가 이온이 되는 에너지를 측정하려면?

앞 페이지에서 살펴본 이온화 에너지는 어떻게 측정할 수 있을까? 실은 이온화 에너지는 기체 상태의 원자가 전자를 빼앗기 위해 필요한 에너지를 뜻한다.

그래서 기체에 에너지를 가해, 어느 정도의 에너지로 이온이 되는지를 측정해야 한다. 구체적으로 빛의 에너지를 기체 상태의 원자에 가해 측정한다.

아래의 그림은 그 모식도이다. 우선 기체 상태의 원자를 가득 채운 상자에 양극과 음극의 전극을 설치해 전압을 걸어 둔다. 그리고 빛의 에너지를 가해 서서히 크게 (파장을 짧게)해 나가면, 어느 순간 기체가 이온으로 바뀌고 전기가 흐른다. 그 때의 빛 에너지가 이온화 에너지이다.

음이온이 되기 쉬운 원자가 있을까?

이온이 되기 쉬운 정도는 2개의 지표로 나타낼 수 있다. 하나는 전자 2개를 넘겨주고 양이온이 될 때 필요한 에너지를 나타내는 '이온화 에너지'이다.

그리고 또 하나는 전자 2개를 받아 음이온이 될 때 방출되는 에너지인 '전자 친화도'이다.

예컨대 주기율표를 보면 염소(Cl)는 전자 친화도가 커서(전자를 받기 쉬워) 음이온이 되기 쉬움을 알 수 있다. 주기율표의 오른쪽일수록 전자를 받아들이기 쉬워 (빼앗기 쉬워) 음이온이 되기 쉽다.

이 2개의 지표로부터, 양이온과 음이온이 결합해 (이온 결합)화합물을 만들 때 어느 원소끼리 (이온 결합으로) 결합할지 대략 알 수 있다.

금속이 이온이 되기 쉬운 정도–전기를 만드는 원리

소금물 안에 집어넣은 두 종류의 금속을 연결하기만 해도 전기가 흐른다. 이것이 전기의 근본적 메커니즘이다. 여기에는 금속이 이온이 되기 쉬운 정도가 관계되어 있다. 실은 이온이 되기 쉬운 금속으로부터, 이온이 되기 어려운 금속으로 전자가 이동함으로써 전기가 흐른다.

금속은 기본적으로 전자를 빼앗기고 양이온이 된다.

금속이 양이온이 되기 쉬운 정도는 '이온화 경향'이라는 지표로 나타낸다. 특히 이온화 경향의 크기순으로 금속을 배열한 '이온화 서열'이 전지 등의 금속 반응을 생각하는 데 중요한 단서가 된다.

예를 들어 아연과 구리를 비교해 보자. 이온이 되기 쉬운 아연 등의 금속을 수용액에 담그면, 전자를 금속에 남기고 양이온이 되기 때문에, 금속 전체가 음전하를 띤다.

반대로 구리는 이온이 되기 어렵다. 그래서 수용액에 양이온이 있으면 금속이 이온으로 전자를 넘겨주고, 말하자면 금속 전체가 양전하를 띤다.

이러한 상태가 된 두 금속을 연결만 해도 음의 금속에서 양의 금속으로 전자가 흐른다. 결국 전지를 만들 수 있다. 이온화 서열을 비교만 해도 전지의 메커니즘을 생각할 수 있다. 이온화 경향에 더 차이가 있는 금속을 조합시키면, 높은 전압을 생산하는 전지를 만들 수 있다.

3.3 | 이온의 응용

우리 주변의 이온

'이온'이 전지의 전기를 만들어낸다. 아연과 구리를 이용한 것이 세계 최초의 전지 '볼타 전지'이다. 이온화 경향이 큰 아연은 이온이 되기 쉽다. 그래서 전자를 전

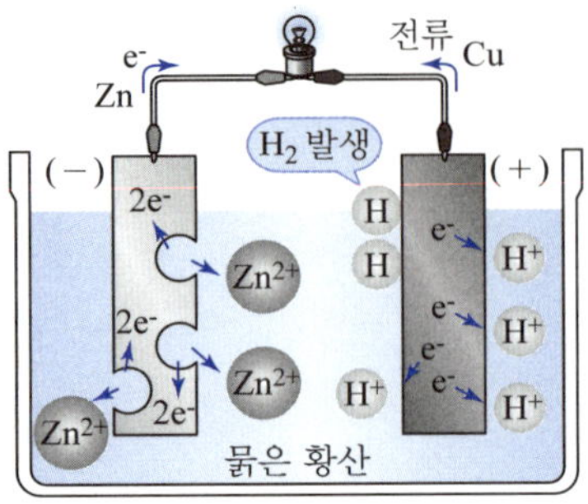

그림 3.3 볼타전지 개념도

극에 두고 이온이 된다. 한편 전극은 음전하를 지니고 음극이 된다.

그에 비해 구리는 전자를 방출한다. 수소 이온이 구리판에서 전자를 받아 수소 가스가 발생한다. 구리는 전자를 넘겨줌으로써 양전하를 띤다. 그래서 아연과 구리를 이으면 전기가 흐르는 것이다.

금속이 담긴 수용액은 이온이 들어있는 것이라면 무엇이든 좋다. 반드시 아연 이온이나 구리 이온이 들어 있을 필요는 없다. 수용액 가운데 전자를 받아들이거나 넘겨주는 이온이 들어있으면 된다.

볼타가 만든 전지에서는 수용액으로 황산(수소 이온과 황산이온을 포함)과 식염수(나트륨 이온과 염화 이온) 등을 이용했다.

볼타의 전지나 현재 사용되는 망가니즈(망간)건전지도 그 근본적인 구조는 같다.

전지의 기본적인 구조는 모두 같다. 볼타 전지의 등장 이후 전지는 여러 가지로 개량되어 왔다. 예컨대 망가니즈(망간)건전지는 음극에 아연, 양극에는 이산화 망가니즈를 사용한다. 볼타 전지에서는 방전이 이루어짐에 따라, 양극에 수소 가스가 달라붙어 전류가 흐르지 않게 되는 결점이 있었다. 그러나 망가니즈 건전지에서는 이산화망가니즈의 산화 작용에 의해, 양극에서 발생하는 수소를 물로 산화시킴으로써 그 결점을 해소한다.

그러므로 어느 전지나 근본적인 구조는 볼타 전지와 같다. 예컨대 망가니즈 건전지의 음극에서는, 아연이 전극에 전자를 남겨 놓고 이온이 됨으로써 음전하를 띤다. 양극에서는 탄소를 통해 이산화망가니즈가 전자를 받아들임으로써 양전하를 띤다.

그래서 양쪽의 극을 이으면 전기가 흐르는 것이다.

그런데 '건전지'란 볼타 전지처럼 전해액을 액상인 채 사용하는 전지에 비해, 전해액을 솜이나 종이에 흡수시키거나 풀과 같은 상태로 해서 운반하기 편리하게 만든 전지를 뜻한다.

전지의 양극과 음극에 무엇을 사용하느냐에 따라 전지의 전압(기전력)이 정해진다. 예컨대 볼타 전지는 약 1.1V, 망가니즈 건전지의 경우에는 약 1.5V이다. 한편 전해질로 수산화칼륨을 사용한 알칼리 망가니즈 건전지는 기전력이 약 1.5V로 망가니즈 건전지와 같지만, 망가니즈 건전지보다 오래 사용할 수 있는 것이 특징이다.

가장 오래된 전지는 기원전 3세기 무렵에 있었다?

세계 최초의 전지라는 볼타 전지보다 빠른 시기인 기원전 3세기 무렵에 전지가 이용되었다는 설이 있다. 볼타 전지가 1800년에 발명되었으므로, 그보다 2,000년 이상이나 이전의 일이다.

이라크의 수도 바그다드 교외의 후유트라부(Khujut Rabu) 유적에서 발견된 그 유물을 '바그다드 전지'라고 부른다. 바그다드 전지는 높이 14cm정도의 토기에 구리로 만든 통을 박고, 쇠막대기를 꽂은 구조로 되어 있다. 속에는 전해질로 포도주나 술 등을 넣었던 듯하다.

바그다드 전지는 복원과 재현 실험을 통해, 실제로 전지로 기능한다는 사실이 알려졌다. 금이나 은의 도금에 사용되었다는 설도 있지만, 실제로 전지로 사용되었는지는 아직 수수께끼이다.

도금은 전지의 역반응을 이용한다.

도금은 금속이나 비금속의 표면에 부식을 막고, 장식을 하기 위해 다른 금속의 얇은 막으로 코팅하는 일이다.

도금은 전기를 흐르게 해서 이온을 원자로 바꾸는 원리를 이용한다. 즉 전지의 역반응이다. 예컨대 다른 도금의 바탕이 되는 니켈 도금은 여러 제품에 이용된다.

니켈 도금을 예로 구체적인 방법을 살펴보자. 먼저 니켈판을 전원의 양극에, 도금할 재료(예컨대 구리판)를 전원의 음극에 연결한다. 양극에 연결된 니켈판은 전자를 방출하고 이온이 되어 물에 녹는다. 그리고 음극에 연결된 구리판의 표면에서는 음전하인 전자를 수용액 속의 니켈 이온에게 넘겨준다.

물에 녹아있는 니켈 이온이 전자를 받아 재료의 표면에서 원자로 변하는 것이다. 그래서 구리의 표면이 니켈로 코팅된다.

이온이 만드는 녹

이온이 흘러나오는 것에서 철의 녹이 시작된다.

녹은 '산화'라는 현상이다. 산화는 넓은 의미에서는 '전자를 잃는 것(넘겨주는 것)'을 가리키지만, 우리 주변에서 일어나는 상화의 다수는 물질이 '산소 원자와 결합하는 것'을 가리킨다. 예컨대 산소 가스 속에서 구리를 가열하면 산화구리가 된다. 이것이 산화이다. 그러나 가열하는 실험과는 달리, 우리 주변에서 보는 녹의 경우에는 약간 복잡한 반응이 일어난다.

그러면 철의 녹은 어떤 반응이 일어나는 것일까?

철에 빗물 등 물이 달라붙으면 먼저 철 이온(Fe^{2+})이 녹는다. 그와 동시에 물 분자(H_2O)와 물에 녹는 산소 분자(O_2)가 전자를 받고, 철 이온과 결합해 붉은색의 '수산화철[$Fe(OH)_3$]'로 변한다. 이것은 녹슨 철관을 통과한 물이 붉어질 때, 그 색깔의 정체 가운데 하나이다.

또 물속의 산소 분자와 반응하고 '산화철(Fe_2O_3)'로 변해 금속 표면에 달라붙는다. 이것이 붉은 녹의 정체이다. 철이 녹슬면 표면이 울퉁불퉁한 상태가 되는 것은 , 철 이온이 녹아 나오고 이어서 붉은 녹이 표면에 달라붙기 때문이다.

철의 산화 반응은 우리 주변의 여러 곳에서 일어난다. 예컨대 인스턴트 카이로프랙틱(instant chiropractic)의 경우에는 철을 산화시킴으로써 그때 발생하는 열을 이용한다.

표백제는 달라붙은 색의 색깔을 없앨 뿐

가정에서 사용되는 세탁용 표백제가 의류 등의 때를 벗기는 것은 어떤 구조일까?

표백제(산화형)에는 하이포아 염소산(하이포아염소산 이온, 수소 이온)등이 들어 있다. 표백제를 사용하면 하이포아염소산 이온이 때의 분자에 접근한다. 이 하이포아염소산 이온은 다른 분자를 산화하는 힘이 매우 강한 성질이 있다. 그래서 의류 등에 달라붙은 때 분자 안에 있는 결합을 절단하고, 산소를 결합시킬 수 있다.

그러면 절단된 때 분자는 구조가 바뀌어 색깔을 잃어버린다. 이렇게 해서 표백이 이루어진다. 즉 표백제는 세제와 달리 때를 제거하는 것이 아니다. 그리고 산화하는 힘이 강해, 의류에 금속이 붙어 있으면 녹의 원인이 되므로 주의가 필요하다.

표백제에는 의류 표백제, 치아 표백제, 피부 표백제 등 여러 가지 종류가 있고 각각 특징이 서로 다르므로, 사용상의 주의를 잘 읽고 용도에 따라 사용해야 한다.

녹이 산화라면 '녹 제거제'는 환원제?

철의 녹이 산화에 의한 것이라면, 시판되는 '녹 제거제'는 환원 반응을 이용하고 있을까? 환원 반응이란 산화와 반대되는 반응이며 '전자를 얻는 것'을 가리킨다.

실은 일반 가정에서 철의 녹 등을 제거하기 위해 사용하는 것은 환원제가 아닌 경우가 많다. 환원제는 그 자신이 산화되기 쉬워(전자를 잃기 쉬워) 반응 상대를 환원하는 작용을 지닌다. 주요 환원제로는 나트륨, 아연, 수소 등을 들 수 있다.

그러면 왜 녹 제거제의 다수는 환원제가 아닐까? 그것은 철이 녹슬 때 철 이온이 녹아 나오거나 철의 표면 위에 붉은 녹이 달라붙으면 표면이 울퉁불퉁해지기 때문이다. 즉 환원제로 환원하기만 해서는 결코 그 울퉁불퉁한 것을 되돌릴 수 없다.

그래서 녹 제거제의 경우에는, 산(酸)으로 철의 표면을 녹임으로써 동시에 녹까지 없앤다.

이온이 없으면 세포가 파열되어 버린다.

이온은 우리 몸속에서도 여러 가지 경우에 중요한 역할을 하고 있다. 우리는 이온이 없으면 살아갈 수 없다. 이제부터 몸속에서 이루어지고 있는 이온의 작용에 대해 소개하기로 한다.

사람의 몸은 약 270종, 60조 개의 세포로 이루어져 있다고 한다. 그 세포도 이온

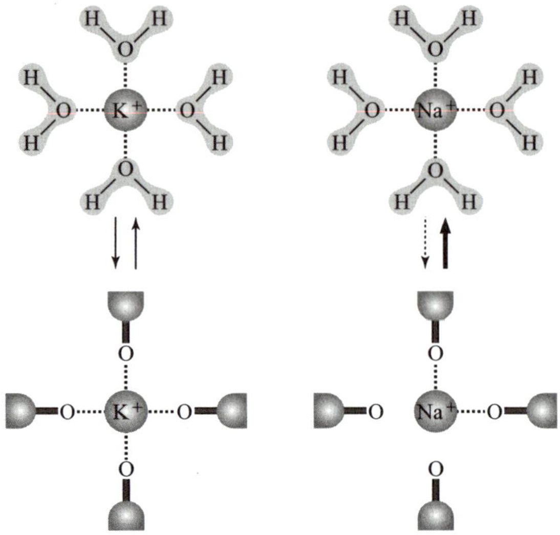

그림 3.4 이온은 세포막의 필터 역할로 선택적인 이온만 받아들인다.

을 교묘하게 이용하고 있다. 그러면 어떻게 이용하고 있을까?

세포는 끊임없이 이온을 세포 밖으로 배출하고 있다. 만약 이온의 배출을 멈추면, 많은 물이 세포 속으로 들어가 세포가 파열되어 버릴 것이다.

세포 속에는 세포가 작용하기 위해 필요한 여러 가지 물질이 들어 있으므로 '농도가 짙은' 상태이다. 물은 물질이 희박한 쪽에서 진한 쪽으로 흐르는 성질이 있다. 그래서 그대로 두면 '농도가 짙은' 세포 안으로, 밖에서 물이 들어온다. 세포에서는 그것을 막기 위해 몸속의 나트륨 이온을 끊임없이 밖으로 퍼내고 있다.

참고로 나트륨 이온은 세포 활동에 필요한 물질의 출입과 더불어 세포 안으로 들어오기 때문에 없어지지 않는다.

혈액 속에서는 여러 가지 이온이 중요한 역할을 하고 있다.

사람의 몸속을 돌고 있는 혈액은 동맥에서 모세혈관으로 흐르고, 이어 모세혈관에서 조직액이 되어 세포의 틈으로 흐른다. 인체를 만드는 약 60조 개의 세포는 혈액과 조직액이 산소나 영양소를 운반함으로써 비로소 살아나갈 수 있다.

혈액에는 염화나트륨이나 단백질, 아미노산, 지질, 당, 무기질, 요소(尿素), 요산

(尿酸), 암모니아 등 많은 물질이 녹아 있다.

조직액은 혈액에서 적혈구와 백혈구, 혈소판을 뺀 액체(혈장)과 비슷한 액체이며, 혈장에 비해 단백질의 함유량이 약간 적다. 혈액이나 조직액에 다종다양한 물질이 녹아 있는 이유는 혈액이나 조직액의 주성분인 물의 용해력이 크기 때문이다.

염화나트륨(NaCl)과 같은 '전해질'은 혈액 속에서 양이온(나트륨 이온)과 음이온(염화 이온)으로 분해된 채 녹아 있다.

나트륨 이온은 혈액 속의 주된 양이온이며, 정상적인 수분 유지와 삼투압의 유지에 관여하고 있다. 나트륨 이온과 고혈압은 상관관계가 있다고 한다. 오랜 기간에 걸쳐 혈액 속의 나트륨 이온 농도가 상승하면, 삼투압의 평행을 유지하기 위해 혈장 용적이 늘어나 혈관의 벽을 팽창시킴으로써 혈압을 상승시킨다.

한편 염화 이온은 혈액 속에 가장 많이 존재하는 음이온이며, 수분과 삼투압의 유지나 양이온과 음이온의 정상적인 평형을 유지하는 중요한 역할을 한다. 고혈압의 원인이 된다는 설도 있다.

그 밖에 혈액 속에서는 칼륨 이온, 칼슘 이온, 마그네슘 이온, 탄산수소 이온, 인산수소 이온 등 많은 이온이 중요한 역할을 하고 있다.

뇌에서는 이온을 이용해 교묘하게 신호를 전달한다.

뇌의 신경세포는 일시적으로 나트륨 이온을 세포 속에 유입시켜 신호를 전달한다.

금속의 도선에 비하면 훨씬 전기가 흐르기 어려워야 할 신경세포의 비밀이 여기에 있다.

신경세포에서는 신호를 받으면 양전하를 지니는 나트륨 이온을 세포 안으로 유입시킴으로써 국소적인 전류를 발생시킨다. 전류를 감지한 이웃의 나트륨 이온 채널이 새로 나트륨 이온을 유입시키고, 차례로 반응이 이어짐으로써 말단까지 신호가 전달되는 것이다.

그리고 신호 전달이 끝나면, 곧 다시 나트륨 이온을 세포 밖으로 배출해 원래의 상태로 돌아간다. 이때 이온을 배출하는 데 시간이 걸리기 때문에 신호를 받더라도 반응할 수 없는 '불응기(不應期)'라는 시간이 있다.

우리가 생각을 하거나 손을 움직이기 위한 뇌에서의 여러 가지 신호는 신경세포에 나트륨 이온이 흐름으로써 전해진다.

위에서는 수소이온의 힘으로 음식물을 소화한다.

이온은 몸속에서 음식물을 소화하는 데도 이용된다. 위 속에는 '위산'같은 산이 있다. 위 안에서는 염산이 분비되고 있다.

염산은 수소 이온과 염화 이온이 물에 녹은 것이다. 위 속에서는 주로 단백질이 소화(분해)되는데, 이때 염산이 반드시 필요하다.

그러나 단백질을 잘라서 직접 분해하는 것은 '펩신'(단백질 분해 효소의 일종)이라는 물질이다. 펩신은 위벽에서 분비될 때는 아직 분해하는 능력이 없다. 왜냐하면 위 속에 분비되기 전에 그 능력이 있다면, 몸의 구성 성분을 분해시키기 때문이다. 즉 위 자체가 소화되는 것이다.

펩신은 수소 이온과 만나야 비로소 단백질을 분해할 능력을 갖게 된다. 위벽에서는 s분해 능력이 없는 펩신과 염산이 따로 분비된다. 위 안에서 섞임으로써, 펩신은 단백질을 분해하기 시작한다.

더욱이 물고기나 고기 등 음식물에 포함되는 단백질은 그대로는 분해되기 어렵다. 단백질은 아미노산이 이어진 끈 모양의 물질로, 끈이 복잡하게 얽힌 구조로 되어 있다. 펩신은 가위처럼 단백질의 끈을 절단하는데, 한 가닥씩 밖에는 자를 수 없다. 그래서 근을 풀지 않으면 여간해서는 분해가 진행되지 않는다.

수소 이온이 음식물의 단백질과 결합하면 단백질의 구조가 바뀌고, 따라서 끈을 느슨한 상태로 할 수 있다. 수소 이온의 존재에 의해 음식물의 단백질 구조가 느슨해지고, 더욱이 펩신이 분해 능력을 발휘함으로써 음식물의 단백질이 분해되는 것이다.

이 밖에도 염산에는 몸에 들어온 세균 등을 수소 이온의 힘으로 죽이고, 몸 안을 지키는 작용도 있다.

산(酸)이란 무엇인가? 강산과 약산의 차이는?

과연, '산'이란 무엇일까? 예컨대 염화수소(물에 녹으면 염산)와 암모니아를 반응시키면 암모늄 이온과 염화 이온이 생긴다. 이때 염화수소에서 암모니아로 수소 이온이 이동해 암모늄 이온이 된다.

이때 수소 이온을 넘겨주는 것을 산, 수소 이온을 받는 것을(알칼리)라 한다(브뢴스테드의 정의). 그래서 이 반응에서는 염화수소를 산, 암모니아를 염기라고 한다. 현재는 브뢴스테드의 정의 이외에 전자의 이동을 주로 고려한 '루이스의 정의'가 사용된다.

참고로 산이란 신맛을 내는 것에서 유래하며, 산과 섞으면 '염(鹽)'과 같은 것이 생기는 물질을 염기라고 한 것이 기원이다. 그리고 '알칼리'는 쓴맛을 내는 것으로 아라비아 어의 '식물의 재'라는 말에서 유래한다.

그러면 '강산'과 '약산'의 차이는 무엇일까? 강산과 약산은 수소 이온의 농도로 정해진다. 강산인 염산은 거의 모든 분자가 물속에서 수소 이온과 염화이온으로 나누어져 있다. 그러나 아세트산과 같은 약산은 일부만이 각각의 이온으로 나누어져 있다. 그래서 물속의 수소 이온 농도는 낮아진다.

위 속에서는 많은 수소 이온이 작용해야 하며, 강산으로서 대량의 수소 이온이 존재해야 한다고 생각된다.

산과 알칼리가 만나면 '염'이 생긴다

산과 알칼리가 만나면 그 어느 것과도 성질이 다른 '염(鹽)'이 생긴다. 여기에서는 그 반응에 대해 살펴보자.

원래 염이란 산(염산)과 알칼리(수산화나트륨)를 섞으면 소금(염화나트륨)이 생기는 것에서 붙여진 이름이다. 산의 음이온(염화이온)과 알칼리의 양이온(나트륨 이온)이 이온 결합해 염(염화나트륨)과 물이 생긴다. 이렇게 산과 염기가 하는 반응을 '중화'라고 한다.

그럼 산과 알칼리의 반응으로 생긴 염에 다시 산을 가하면 어떻게 될까? 먼저 약한 산과 염기를 반응시켜도 염이 생긴다. 그러나 그 염에 다시 강한 산을 더하면,

약한 산은 분리되고, 강한 산과 염기가 반응해 생기는 염이 생긴다.

예를 들면 먼저 약한 산인 아세트산과 수산화나트륨을 섞으면 '아세트산나트륨'이라는 염이 생긴다. 그리고 그 염에 강한 염산을 가하면 아세트산은 분리되고, 염산과 수산화나트륨이 반응할 때 생기는 염인 염화나트륨이 생긴다.

실은 이 반응이 세제를 섞었을 때 일어나는 위험한 반응의 원리이다.

세제에 '섞으면 위험하다'는 이유?

세제 중에서 대부분의 염소계 세제에는 '하이포아염소산나트륨'이라는 물질이 들어 있다. 하이포아염소산은 산화력이 강해 표백 등에 사용된다. 이것은 하이포아염소산(하이포아염소산 이온과 수소이온으로 이루어진다)이라는 산과 수산화나트륨 같은 알칼리가 반응해 생기는 염이다. 거기에 주로 염산이 성분인 산성 세제를 가하면 격렬한 반응이 일어난다.

두 가지를 섞으면 염화나트륨(염)과 하이포아염소산이 생긴다. 약한산(여기에서는 하이포아염소산)과 알칼리(수산화나트륨 등)로부터 생긴 염에, 강한 산(여기에서는 염산)을 가하면, 약한 산은 분리되고 강한 산과 알칼리인 염(염화나트륨)이 생긴다.

분리된 하이포아염소산은 매우 분해되기 쉬운 성질이 있다. 그래서 염산의 수소이온에 의해 분해되어 물과 염소 가스가 된다.

이 반응은 순식간에 진행된다. 염소 가스는 우리 몸에 매우 위험한 가스이다. 들이쉬면 순식간에 의식을 잃고, 처치가 늦어지면 그대로 목숨을 잃기도 한다. 그래서 이런 위험이 있는 염소계 세제나 산성 세제에는 '섞으면 위험'이라고 적혀 있다. 그리고 하이포아염소산보다 강한 산이면 반응이 일어난다. 식초 등도 위험성이 있다. 우연히 식초가 뿌려진 주방의 싱크대에서나 조금 전에 산성 세제를 사용해 청소를 했던 변기에 염소계 세제를 사용하면, 목숨을 잃는 사고가 일어날 수도 있다.

주변의 산성 · 알칼리성과 산성화에 따른 지구 환경 문제

우리 주변에는 어떤 산성 · 알칼리성 물질이 있을까?

pH(수소 이온 농도를 나타내는 표시법)의 값 7이 중성이며, 7보다 작으면 산성, 크면 알칼리성을 가리킨다. 우리 주변의 물질 가운데 다수가 산성이다.

그런데 시판되는 가정용 세제 등의 경우에는 산성 · 알칼리성뿐 아니라 '약산성'이나 '약알칼리성'이라고 표시된 것이 있다. 이것은 pH 3 미만은 산성, 3 이상 6미만은 약산성, 6 이상 8 이하를 중성, 8 이상 11 미만을 약알칼리성, 11 이상을 알칼리성으로 나타내는 경우가 있기 때문이다.

그리고 '산성 식품'이나 '알칼리성 식품'이라는 말도 있다. 이것은 식품 자체가 산성이나 알칼리성이라는 말이 아니다. 식품을 태워 생긴 재를 물에 녹였을 때 산성이면 산성 식품, 알칼리성이면 알칼리성 식품이라고 한다.

산성 식품에는 육류, 달걀, 쌀, 치즈 등이 있으며, 알칼리성 식품에는 당근, 시금치, 레몬, 매실 장아찌 등이 있다. 반드시 신맛을 가진 식품이 산성인 것이 아님을 알 수 있다.

우리의 혈액은 약알칼리성이다. 그래서 산성 식품을 먹으면 혈액이 산성으로 기울어지므로, 알칼리성 식품이 건강에 좋다는 설이 있었다. 그러나 실제로는 과학적인 근거가 없다고 한다. 우리 몸의 기능에는 혈액을 약알칼리성으로 유지하는 메커니즘이 있으므로, 산성 식품을 먹었다고 혈액이 산성으로 기울어지거나, 알칼리성 식품이 몸에 좋다고는 할 수 없다.

산성화에 따른 지구 환경 위기

그리고 '산성비'라는 말도 자주 듣는 말이다. 산성비는 문자 그대로 산성의 비를 뜻하며, 대기 오염 등에 의해 생긴다. 산성비는 화석 연료의 연소 등에 의해 발생한 황산화물(SOx)이나 질소산화물(NOx), 염화수소(HCl) 등이 대기 중의 물이나 산소와 반응해, 황산이나 질산, 염산 등 강산이 생기는 것이 주요 원인이라고 한다.

산성비의 영향으로는 식물이 말라 죽거나 호소나 토양이 산성화하는 등 환경에 대한 악영향이 지적된다.

나아가 최근에는 대기 속의 이산화탄소 농도가 증가함에 따라, 바닷물이 산성화해 탄산칼슘을 주성분으로 하는 산호나 플랑크톤의 골격을 녹이는 문제도 생기고 있다.

원래 해양은 pH 8.1의 약알칼리성이다. 그러나 대기 중의 이산화탄소 농도가 증가하면 해양은 이산화탄소를 흡수해 산성화한다. 그런데 여기에서 말하는 산성화란 산성으로 바뀌는 것이 아니라, 이산화탄소가 녹음에 따라 알칼리성이 약해지는 중화반응을 가리킨다.

해양은 이산화탄소가 증가하면 물과 반응해 수소 이온이 생성(산성화, pH가 내려감)된다. 그리고 그 수소 이온이 바닷물에 녹아 있는 탄산 이온과 반응해 해양 속의 탄산 이온이 소비된다. 탄산 이온의 농도가 일정한 값까지 내려가면, 탄산칼슘에서 탄산 이온이 공급된다. 이때 산호나 플랑크톤의 골격을 이루는 탄산칼슘이 녹기 시작한다.

해양의 생태계를 유지하는 이들 생물을 잃게 되면, 바다에 살아가는 여러 가지 생물이 살아남기 어려워질 것이다.

이온은 불꽃의 색체에 이용된다.

이온의 가까운 예로 '불꽃 반응'을 들 수 있다. 예컨대 요리 도중에 냄비가 끓어 넘칠 때 불꽃이 노란색이 되는 경우가 있다. 이것은 소금(염화나트륨)이 녹아 있는 냄비 속의 국물에 포함된 나트륨 이온이 불꽃 반응을 일으킬 때 내는 색깔이다.

이처럼 금속이 녹아 있는 수용액을 불꽃 속에 넣으면, 그 속에 있는 원소(이온)는

그림 3.5

그림 3.6

그 원소 특유의 빛을 낸다. 그래서 불꽃 반응은 금속 원소를 구별하는 좋은 확인 방법으로 이용된다. 불꽃 반응의 예로는 리튬, 나트륨, 칼륨 등 '알칼리 금속'의 그룹이 있다. 이것은 온도가 낮은 버너의 불로도 쉽게 반응이 일어나 각각 빨간색, 노란색, 보라색 등 가시광선 영역의 빛을 내기 때문이다.

흔히 볼 수 있는 예로, 불꽃 반응은 불꽃의 화려한 색채에 이용된다. 예컨대 불꽃의 주홍색은 스트론튬 화합물, 노란색은 나트륨 화합물 등으로 만든다.

수소 가스를 조금 넣은 '방전관'이 내는 빛을 색깔(파장)에 따라 나눈 것이 '휘선 스펙트럼'이다. 방전관은 속이 거의 진공으로 되어 있으며, 전압을 걸면 빛을 낸다. 태양의 스펙트럼은 연속적인 띠가 되지만 여기에는 몇 가지 색깔의 선밖에 들어 있지 않다. 이들은 방전관 속의 수소 원자가 내는 특유한 색깔의 빛이다.

불꽃 반응이란 어떤 현상인가?

전자는 원자핵 주위에 있는 몇 개의 층(전자껍질)에 나누어져 들어가 있다. 전자는 이 전자 껍질 이외에는 존재할 수가 없다. 그리고 전자는 에너지를 얻거나 잃음으로써 전자 궤도를 이동할 수 있다.

불꽃 반응에서는 우선 전자가 버너의 불꽃 등 열에너지를 받아, 바깥쪽의 다른 궤도로 튀어나간다. 튀어나간 뒤의 전자는 불안정한 상태이며, 원래의 궤도로 돌아가려고 한다. 그리고 돌아갈 때 에너지를 빛으로 방출한다. 이것이 불꽃 반응의 구조이다.

방출된 빛이 가시광선이면 불꽃의 색깔을 맨눈으로 볼 수 있다. 그리고 빛으로 방출되는 에너지의 크기가 원소에 따라 서로 다르므로, 방출된 빛의 파장을 살펴보면 어떤 원소가 들었는지 알 수 있다.

예컨대 태양 속에 어떤 원소가 들어 있는지도 이 원리를 이용해 밝혀내고 있다.

불꽃 반응에서 노란색으로 빛나는 나트륨을 예로 들어보면 나트륨의 원자가전자는 원자의 가장 바깥쪽 궤도(3s 궤도)에 1개만 존재한다. 열이 가해지면 원자가전자가 열에너지에 의해 바로 위의 궤도(3p 궤도)로 튀어나간다. 튀어나갔더라도 불안정한 상태가 되므로, 다시 원래의 궤도(3s 궤도)로 돌아온다. 이때 강한 노란색 빛을 낸다. 원래의 궤도와 튀어나갔던 궤도의 에너지 차이에 해당하는 것이 노란색 빛이 가진 에너지이다.

그런데 나트륨의 원자가전자는 더 바깥쪽에 있는 궤도(4p 궤도)로 튀어나가는 경우가 있는데, 이것이 원래의 궤도로 돌아갈 때는 자외선으로 방출되므로 맨눈으로는 볼 수 없다.

이온의 최첨단

바닷물 속의 이온을 제거하고 담수로 만든다. 바닷물에는 여러 가지 이온이 녹아 있다. 바닷물이 짠 이유는 주로 나트륨의 맛을 느끼기 때문이다. 하지만 바닷물에서 염분을 제거할 수 있을까? 이는 바닷물에서 이온을 제거한다는 뜻이다.

일반적으로 바닷물에서 이온을 제거하는 방법으로는, 바닷물을 열로 증발시켰다가 다시 식혀 담수로 만드는 방법이 알려져 있다. 약품을 가하는 방법도 있다.

한편 물을 증발시키거나 약품을 가하지 않고 이온을 제거하는 방법이 '이온 교환막'을 이용하는 방법이다. 실제로 사우디아라비아 등에서 바닷물에서 음료수를 뽑아내기 위해 이용하고 있다.

이온 교환망에는 양이온 교환막과 음이온 교환막이 있다. 둘 다 가느다란 구멍이

뚫린 막이다. 예컨대 양이온 교환막에서는 막이 음전하를 띠고 있다. 그러면 물에 녹아 있는 음이온은 음전하끼리 반발하기 때문에 막을 통과할 수 없다. 그러나 물에 녹아 있는 양이온은 통과할 수 있다. 음이온 교환막의 경우에는 그 반대이다.

양이온 교환막과 음이온 교환막을 통과시킴으로써, 바닷물에 들어있는 나트륨 이온 등의 양이온 염화이온 등의 음이온을 제거할 수 있다,

일본에서는 음료수를 만들어 낼 뿐만 아니라 소금을 정제하는 과정에도 이용된다. 음료수와는 반대로 이온 교환막에 의해 생긴 진한 소금물을 사용함으로써, 효율적으로 소금을 빼낼 수 있기 때문이다.

이온 교환막보다 단순한 이온 교환 수지

이온 교환막보다 간편하게 할 수 있는 방법이 '이온 교환 수지'를 사용하는 방법이다. 이온 교환 수지는 크게 '양이온 교환 수지'와 '음이온 교환 수지'로 나누어진다. 예컨대 양이온 교환 수지의 경우에는 물에 녹아 있는 양이온(나트륨 이온)과 수지에 결합되어 있는 수소 이온이 교환됨으로써 물에 녹아 있는 이온을 제거할 수 있다.

한편 음이온 교환 수지의 경우에는 수소 이온 대신에 수산화 이온이 결합하고 있다가 염화 이온과 교환된다.

이온 교환 수지는 주로 지름 1mm보다 작은 알갱이 모양인데, 그 밖에도 여러 가지가 있다. 그 가운데 막 모양으로 된 것이 이온 교환막이다. 이온이 교환된 이온 교환수지는 이온교환 능력을 잃지만, 교환되니 이온이 들어 있는 수용액에 담그면 교환 능력이 되살아난다. 바닷물에서 염분을 제거하는 바닷물 담수화 이외의 주된 용도로는, 탄산수소칼슘을 염화나트륨 또는 물로 교환함으로써 단물로 바꾸는 '센물의 단물화 처리'나 '순수(純水)의 제조', '금속 이온의 분리 · 회수' 등을 들 수 있다.

바닷물을 여과해 음료수로 바꾸는 '역삼투막'

이온교환 수지나 이온 교환막 이외에도 근년에는 바닷물에서 음료수를 얻는 방

법으로 '역삼투막'이 이용되는 경우도 늘어나고 있다. 역삼투막은 간단히 말하면 물만 통과하고 이온이나 염류 등의 불순물은 통과하지 않는 막을 이용해, 이른바 '여과시키는' 방법이다.

일반적으로 염분이 많은 물과 적은 물을 구분하면, 그 삼투압의 차이에 의해 물은 염분이 적은 쪽에서 많은 쪽으로 흐른다. 역삼투막의 경우에는 염분이 많은 쪽에 압력을 가함으로써, 염분이 많은 쪽에서 적은 쪽으로 흐르게 한다, 그래서 '역삼투막'이라고 한다. 역삼투막의 구멍은 바이러스보다 작기 때문에 병원균이나 바이러스를 제거할 수 있다.

한편 역삼투막의 구멍은 바닷물 속의 주요 이온인 나트륨 이온보다 크다. 그런데도 불구하고 나트륨 이온을 통과시키지 않는 이유는 구멍 속의 막 소재 분자와 물 분자가 수소 결합을 해서 실질적으로 구멍이 작아지는 경우와 온이나 불순물을 전기적으로 배제하는 경우 등을 생각할 수 있다,

현재 역삼투막의 막 구조는 높은 압력에 견딜 수 있도록 개량이 이루어지고 여러 가지 종류가 개발되고 있다. 바닷물에서 음료수를 만드는 것 이외에도 하수처리나 가정용 정수기, 과즙이나 유제품 · 화학 약품의 농축 등에도 사용된다.

이온으로만 만든 '이온 액체'란 무엇인가?

일반적으로 소금(염화나트륨)은 고체 상태이며, 물에 녹이면 결합되어 있던 이온이 뿔뿔이 흩어진다. 그리고 소금을 800°C라는 고온으로 가열하면 녹아서 액체가 된다.

이처럼 상온에서는 물 등으로 녹이지 않는 한 이온이 뿔뿔이 흩어져 존재하는 경우가 없다. 그러나 그런 상식을 깨뜨린 액체가 현재 주목을 끌고 있다. 상온에서 물 등에 녹아 있지 않더라도 뿔뿔이 흩어져 이온으로 존재하는 액체가 있다. 즉 녹는점이 실온 정도로 낮다.

이것은 '이온액체(ionic liquid)'라고 한다. 이온 액체에도 여러 가지 종류가 있으며, 탄소 원자나 산소 원자 등으로 이루어진 복잡한 구조를 지닌 이온이 많다. 이 이온 액체가 어떻게 상온에서 물 없이도 이온 상태로 있을 수 있는지는 아직 규명

되지 않은 수수께끼이다. 보통 양이온과 음이온은 양전하와 음전하가 서로 끌어당기므로, 소금처럼 고온으로 가열하지 않으면 고체에서 액체가 되지 않기 때문이다.

이 이온 액체는 여러 가지 이용 가능성이 기대된다. 다음 페이지에서는 구체적인 응용 사례를 소개한다.

이온 액체의 여러 가지 이용법

이온 액체에 대해서는 여러 가지가 기대된다. 예컨대 물을 사용할 수 없는 경우의 대체품으로서의 이용이다.

휴대 전화나 컴퓨터에 사용되는 '리튬 이온 전지'에는 유기용매(탄소를 주성분으로 하는 분자로 이루어진 액체)가 사용되고 있다. 리튬 이온 전지는 거듭 재충전해 사용할 수 있는 '축전지'이다.

일반적으로 전지에는 수분이 들어있지만, 리튬 이온 전지는 전압이 높아 물이 전기 분해되어 버리기 때문에 물을 사용할 수 없다. 유기 용매는 온도가 올라가면 발화할 가능성이 있기 때문에 여러 가지 대책을 취한 뒤 사용하고 있다.

이온 액체는 발화 가능성이 낮고, 현재로서는 사람에 대한 위험성이 발견되어 있지 않다. 이온 액체를 연구하는 일본 요코하마 국립대학의 와타나베 마사요시교수는 "유기 용매가 이온 액체로 대체되면, 리튬 이온 전지의 발화를 더욱 막아줄 수 있으리라 생각한다."고 말했다.

발화할 위험성이 적은 이온 액체를 사용한 전지는 격렬한 파손의 가능성을 가진 자동차 등에 대한 이용을 기대할 수 있다. 그 밖에 전기가 통하는 재료로서 얇은 태양전지에, 그리고 심장 수술 등에 사용되는 카테테르(Katheter)에 이용하는 것 등도 고려되고 있다.

우주 공간의 대부분 물질이 이온?

우주에도 이온이 있을까?

실은 우주 공간에 있는 대부분의 물질[미지의 물질인 '암흑물질(dark matter)'은 제외]이 이온 상태로 존재한다. 태양에서 끊임없이 '태양풍'으로서 이온이 방출되고 있다. 매우 고온인 태양에서는 원자가 아니라, 이온과 전자로 나뉜 '플라스마(plasma)'가 방출된다. 태양풍이온의 약 90%가 수소 이온이다. 우주에서는 그 수소 이온에 의해 여러 가지 현상이 일어난다.

예컨대 혜성에서는 그 영향을 눈으로 볼 수 있다. 혜성에는 태양풍에 휘날리는 긴 꼬리가 뻗어 있다. 혜성의 꼬리에는 두 종류가 있는데, 하나는 먼지로 생긴 꼬리, 다른 하나는 이온으로 생긴 꼬리이다.

그러면 이온의 꼬리는 어떻게 생길까? 혜성에서 불어 나오는 가스 분자나 원자는 태양풍의 수소 이온이나 태양으로부터 자외선에 의해 전자를 빼앗겨 이온으로 바뀐다. 이들 이온은 마침내 태양풍 자기장의 영향을 받아 태양과는 반대 방향으로 흐른다. 이것이 바로 혜성의 이온 꼬리의 정체라 할 수 있다. 이 태양풍의 영향은 혜성에게만 그치지 않는다.

태양풍의 이온은 지구의 자기권에도 영향을 미친다.

지구도 태양풍의 영향을 받고 있다. 지구에는 '자기권'이라는 공간이 있으며, 자기장의 힘으로 태양에서 나온 이온을 물리치고 있다.

그러나 태양 표면에서 거대한 폭발(플레어)이 일어나면, 태양의 수소 이온이 쏟아져 지구의 자기장에 영향을 미친다. 이것이 '자기 폭풍'으로서 전파 장애를 일으키거나, 인공 위성을 이용하는 GPS(위성 위치 확인 시스템)에 오차가 생기는 우리 생활에 영향을 미친다. GPS에 오차가 생기면 자동차 내비게이션이나 항공기 등에도 영향이 생긴다.

나아가 그 영향은 기기류에만 그치지 않는다. 날아오는 양성자는 방사선의 일종이며, 우주 정거장이나 우주 왕복선에 머물고 있는 우리 비행사들이 그것에 쏘일 우려도 있다.

우주에 존재하는 이온도 여러 가지 측면에 영향을 미친다. 현재 이런 영향을 피하기 위해, 태양에서 생기는 플레어를 더욱 빨리 관측해 경보를 내는 '우주 기상 예보'에 대한 연구가 이루어지고 있다.

아름다운 오로라는 태양풍에 의해 만들어진다.

태양풍의 영향이 지구에 나쁜 것만은 아니다. 지구에서는 태양풍의 영향에 의해, 북극과 남극 부근에서 대기가 빛나는 '오로라'현상을 관측할 수 있다.

오로라는 매우 아름답고 웅대한 현상이기 때문에, 예로부터 사람들의 관심을 끌어 왔다. 구약 성서나 에스키모, 아메리카 인디언 등의 신화에도 오로라가 등장한다. 그런데 오로라를 볼 수 있는 곳은 지구뿐만이 아니다. 태양계에서는 목성, 토성, 천왕성, 해왕성에서도 오로라가 관측된다.

오로라가 발생하는 원인으로 들고 있는 것이 자기장과 대기이다. 행성 중에는, 남북의 양극 부근을 잇는 것처럼 뻗는 쌍극자 자기장을 지닌 것이 있다. 지구에서는 철 · 니켈 합금으로 이루어진 액체의 외핵이 대류함으로써 쌍극자 자기장이 발생한다고 생각된다.

그러나 자기장과 대기가 있다고 해서 오로라가 생기지는 않는다. 오로라의 발생에는 태양풍이 깊이 관련되어 있다. 각 행성의 쌍극자 자기장은 태양에서 불어오는 태양풍에 휘날리듯, 태양의 반대 방향으로 길게 꼬리를 만들고 있다. 이 꼬리 부분에 태양풍의 에너지가 쌓여, 고온의 플라스마 입자로 가득 찬 플라스마 시트가 생긴다.

플라스마 시트에 모인 플라스마 입자는 어느 정도에 이르면, 쌍극자 자기장에 따라 지구의 극지 부근을 향해 내리 쏟아진다. 이때 플라스마 입자가 지구의 대기와 부딪쳐 대기를 구성하고 있는 입자에게 에너지를 넘겨준다. 대기 속의 입자는 일시적으로 에너지가 높은 상태가 되었다가, 받았던 에너지를 곧 빛으로 방출하고 원래의 상태로 돌아가려고 한다. 이때 방출된 빛의 정체가 오로라이다.

오로라의 색깔은 대기를 구성하고 있는 물질에 따라 바뀐다. 지구의 경우 대기의 주성분은 질소와 산소이며, 질소 원자는 푸른색으로, 산소 원자는 초록색이나 어두운 붉은색으로 빛난다. 그래서 지구에서 보이는 오로라는 초록색이나 분홍색 빛이 많다.

제4장

세상 들여다보기

4.1 | 차원과 단위

우리가 보고 느끼는 세상은 어떤 것이 있을까? 먼저 눈앞에 펼쳐진 공간과 공간을 채우고 있는 물질들이다. 그리고 쉬지 않고 흐르는 시간이 있다. 또한 따뜻하고 추위를 느끼게 하는 기온도 생활에서 중요한 생활의 요소이다. 이렇듯 세상을 구성하는 요소 즉, 물리량은 우리 주위에서 끊임없이 우리의 삶과 함께한다. 이러한 구성요소가 바로 차원이다. 차원(次元, dimension)이란 길이, 질량, 시간, 온도 등 물리량의 척도의 기본개념이다.

차원 일관성

수식은 차원이 일관적이여야 한다는 기본원리가 있다. 수식 중의 모든 항은 차원과 단위가 같아야 서로 더하거나 빼거나 등식으로 나타낼 수 있다. 이처럼 차원을 고려하면 수식 중의 어떠한 항이나 물리량의 차원과 단위를 쉽게 확인할 수 있다. 이론적으로나 실험적으로나 몇 가지 물리량을 한데 묶어서 그 전체의 단위가 없어지도록 할 수 있는데, 이러한 묶음을 무차원군 또는 무차원수라 한다.

단위–차원의 표현

차원을 구체적으로 표현하기 위한 약속이 필요하다. 단위는 차원을 표현하기 위한 수단이다. 단위는 정치적으로도 중요한 의미를 갖는다. 진시황이 중국 천하를 통일한 후 도량형을 통일하여 국가 통치의 기반을 마련한 예는 단위의 중요성을 옛날 사람들도 잘 이해하고 있다는 반증이기도 하다.

SI 단위

국제적으로 효율적이고 신뢰할 수 있는 길이, 질량, 시간, 전류, 온도, 물질량, 광도 등 물상상태의 양을 결정할 때 공통적으로 적용하여야 할 기준이다. SI단위계는 1960년 제11차 국제도량형총회(CGPM)에서 채택되었으며, 국가측정표준을 정하는 단위의 체계로서 세계 대부분의 나라에서 법제화를 통하여 이를 공식적으로 채택하고 있다. 우리나라에서도 국가표준기본법 제10조~제12조 규정에 의거 SI단위를 법정단위로 채택하고 있다. SI단위는 크게 기본단위와 유도단위로 분류된다. 독립된 차원을 가지는 것으로 간주되는 일곱 개의 명확하게 정의된 단위인 미터(m), 킬로그램(kg), 초(s), 암페어(A), 켈빈(K), 몰(mol), 칸델라(cd)의 7개 단위를 SI 단위를 기본단위로 하였다. 유도단위는 대수관계에 따라 여러 기본단위들의 조합으로 형성되는 단위이다.

7가지 기본 단위

① 길이의 단위(미터)

백금-이리듐의 국제원기에 기초를 둔 1889년 미터의 정의는 제11차 국제도량형총회(1960)에서 크립톤 86 원자(^{86}Kr)의 복사선 파장에 근거를 둔 정의로 대체되었다. 이 정의는 미터 현시의 정확도를 향상시키기 위하여 채택되었다. 이 정의는 1983년의 제17차 국제도량형총회에서 다시 다음과 같이 대체되었다. 미터는 빛이 진공에서 1/299792458초 동안 진행한 경로의 길이이다.

② 질량의 단위(킬로그램)

백금-이리듐으로 만들어진 국제원기는 1889년 제1차 국제도량형총회에서 지정한 상태 하에 국제도량형국(BIPM)에 보관되어 있으며 당시 국제도량형총회는 국제원기를 인가하고 다음과 같이 선언하였다. 이제부터는 이 원기를 질량의 단위로 삼는다. 킬로그램은 질량의 단위이며 국제킬로그램원기의 질량과 같으며, 그 기호는 'kg'으로 한다.

③ 시간의 단위(초)

예전에는 시간의 단위인 초를 평균 태양일의 1/86400로 정의하였다. 그러나 지구 자전주기의 불규칙성 때문에 이 정의를 우리가 요구하는 정확도로 실현할 수 없다는 것이 측정에 의해 밝혀졌다. 이후 시간의 단위를 원자나 분자의 두 에너지 준위 사이의 전이에 기초를 둔 원자시간표준이 실현가능하고 훨씬 더 정밀하게 재현될 수 있다는 것이 실험에 의해 증명됨에 따라 1968년 제13차 국제도량형총회에서 초의 정의를 다음과 같이 바꾸었다. 초는 세슘-133원자(133Cs)의 바닥상태에 있는 두 초미세 준위 사이의 전이에 대응하는 복사선의 9192631770 주기의 지속시간이며, 그 기호는 's'로 한다.

④ 전류의 단위(암페어)

전류와 저항에 대한 소위 '국제' 전기단위는 1893년 국제전기협의회에서 최초로 도입되었고, 1948년 제9차 국제도량형총회에서 전류의 단위인 암페어를 다음과 같이 정의하였다.

암페어는 무한히 길고 무시할 수 있을 만큼 작은 원형 단면적을 가진 두 개의 평행한 직선 도체가 진공 중에서 1 미터의 간격으로 유지될 때, 두 도체 사이에 매 미터당 2×10^{-7} 뉴턴(N)의 힘을 생기게 하는 일정한 전류이다.

⑤ 열역학적 온도의 단위(켈빈)

열역학적 온도의 단위는 실질적으로 1954년 제10차 국제도량형총회에서 정해졌는데, 여기서 물의 삼중점을 기본 고정점으로 선정하고 이 고정점의 온도를 정의에 의해서 273.16 K로 정했다. 이후 1968년 제13차 국제도량형총회에서 '켈빈도(기호 °K)' 대신 켈빈(기호 K)이라는 명칭을 사용하기로 채택하였고, 열역학적 온도의 단위를 아래와 같이 정의하였다. 켈빈은 물의 삼중점에 해당하는 열역학적 온도의 1/273.16 이며, 그 기호는 'K'로 한다.

⑥ 물질량의 단위 (몰)

분자, 원자, 전자를 비롯한 특정입자의 일정량을 물질량이라 한다.

1896년 Willian Ostward는 '무더기' 또는 '더미'라는 뜻의 라틴어인 mole을 사용하였다. 1969년 국제도량형회의에서는 0.012kg의 탄소 12 중에 들어있는 원자의 수와 같은 수의 기본 실체로 된 물질량을 1mole[mol]로 정의하였다. 여기에서 기본 실체란 원자, 분자, 이온 등의 입자를 가리킨다. 1mole은 이러한 입자 6.02×10^{23}개의 양이다.

화합물의 분자량을 알면 그 화합물의 물질량과 질량과의 관계를 나타낼 수 있다.

화합물의 분자량은 구성 원소의 원자량으로부터 구할 수 있다. 원소의 원자량이란, 탄소의 동위체인 ^{12}C원자의 질량을 정확하게 12라고 정하고 이 척도에 대한 상대적 질량을 말한다. 영어로는 원자량이나 분자량을 각각 관습적으로 molecular weight 나 atomic weight이라 하지만 molecular mass나 atomic mass라고 해야 맞다.

국제순수응용물리학연맹, 국제순수응용화학연맹, ISO의 제안에 따라 국제도량형총회에서는 1971년에 '물질량'이란 양의 단위의 명칭은 몰(기호 mol)로 정하고 몰의 정의를 다음과 같이 채택하였다.

몰은 탄소 12의 0.012 킬로그램에 있는 원자의 개수와 같은 수의 구성요소를 포함한 어떤 계의 물질량이다. 그 기호는 'mol'이다.

⑦ 광도의 단위 (칸델라)

1948년 이전에는 광도의 단위를 불꽃이나 백열필라멘트 표준에 기초를 두고 사용하였으나 이후 백금응고점에 유지된 플랑크복사체(흑체)의 광휘도에 기초를 둔 '신촉광(新燭光)'으로 대치되었었다. 그러나 고온에서 플랑크 복사체를 현시하기에 어려움이 많아 1979년 제16차 국제도량형총회에서 다음과 같은 새로운 정의를 채택하였다.

칸델라는 진동수 540×10^{12} 헤르츠인 단색광을 방출하는 광원의 복사도가 어떤 주어진 방향으로 매 스테라디안(sr) 당 1/683 와트일 때 이 방향에 대한 광도이다.

미터(m)–킬로그램(kg)–초(second) (MKS 단위)

길이의 표현을 미터(m), 질량을 킬로그램(kg), 시간의 단위를 초(sec)로 정한 단위계가 MKS 단위체계이다. 이 단위계에 온도를 더할 경우에는 섭씨온도(℃)를 사용한다. 각 단위의 크기가 실용적(實用的)이므로 세계적으로 이를 바탕으로 한 단위계로 통일되는 경향이 있으며, 한국에서 계량법(計量法)에 이용되고 있는 단위도 주로 이 단위계에 속한다.

전류의 단위인 암페어(A)를 더한 것을 MKSA단위계라 하는데, 이것도 일반적으로는 MKS단위계라 하는 경우가 많다.

4.2 | 물리량

밀도

밀도는 물질단위 부피의 질량으로 수치와 단위가 모두 있는 양이다. kg/m^3,g/cm^3, lb/ft^3등은 밀도의 단위의 예이다.

물질의 밀도를 알려면 부피와 질량을 측정해야 하는데, 일반 조건에서 액체나 고체의 부피는 압력에 따라서는 별로 변하지 않지만, 온도에 따라서는 상당히 변한다.

비중

비중(specific gravity)을 대개 무차원비로 생각하지만, 실제로는 기준 물질의 밀도에 대한 대상 물질의 밀도의 비이다. 따라서 각각의 단위를 분명히 나타내야 한다. 액체나 고제의 비중은 대개 물을 기준 물질로 하여 나타내고 기체의 비중은 대개 공기를 기준으로 나타낸다. 비중을 정확하게 표시하려면 각 밀도의 측정 온도를 명시해야 한다.

비용(比容)

비용은 밀도의 역으로, 부피/질량 또는 부피/물질량이다.

단위에는 ft^3/lb, m^3/kg, cm^3/g, bbl/lbm, ft^3/lb mol 등이 있다.

물질량분율, 질량분율

물질량분율(mole fraction)은 특정 성분의 물질량을 전체 물질량으로 나눈 값으로 기체, 액체, 고체에 대하여 다 마찬가지이다. 질량분율(mass fraction)은 특정 성분의 질량을 전체 질량으로 나눈 값이다. 공학에서는 질량분율을 ‘무게분율’이라고도 한다.

농도

농도(concentration)는 두 성분 이상으로 된 혼합물에서 용매나 용액 중의 용질의 양을 말한다. 농도에는 용매에 녹아있는 용질의 양을 질량으로 표시하는 질량농도가 있는데 예를 들면 mg/L는 1리터에 녹아있는 용질의 mg 수를 표시하며 주로 물에 녹아 있는 고형물의 양을 표시하고 mg/m^{3}은 공기 1m^{3}에 포함되어 있는 기체나 고체의 질량을 의미한다. 부피농도는 단위부피에 포함된 용질의 부피를 표시하는 것으로 ml/L, ml/m^3 등으로 표시된다.

온도

Maxwell의 정의에서 보면 물체의 온도란 다른 물체로 열을 전달할 수 있는 능력과 관련한 열적 상태를 말한다. 온도는 대개 네 가지 단위를 사용하는데 상대온도의 눈금의 화씨온도(℉)와 섭씨온도(℃), 절대온도 눈금의 랜킨온도(°R) 및 캘빈온도(K)이다.

압력

압력은 '단위 넓이에 미치는 수직'으로 정의한다. 온도에서처럼 압력도 절대압력이나 상대압력으로 나타낸다.

압력 측정 기구의 성질에 따라서 측정 압력이 상대압력이나 절대압력이 된다. 절대 압력의 기준점은 위치, 기후, 기온 등의 인자와 관계가 없으므로 절대 압력은 즉시 정확하게 알 수 있는 불변의 값이다.

상대 압력의 기준점은 주변의 기압에 해당하는 값이므로 항상 조금씩 변한다.

여기서 표준 대기압과 기압을 혼동하지 않도록 조심해야 한다. 정의에 의하여 표준 대기압은 표준 중력장에서 1atm, 즉 760mmHg이지만, 기압은 변동하므로 필요할 때마다 기압계로 측정해야 한다. 표준 대기압을 몇 가지 단위로 나타내면 다음과 같다.

1기압을 표시하는 단위

1.000 atm

760.0 mmHg

1.013×10^3 Pa = 1013 hPa[8]

33.91 ft H_2O

14.7 psia

29.92 in.Hg

---

8 헥토파스칼(hecto pascal)이라 표현하는 것이 표준대기의 표시법이다.

제5장

세상은 어떻게 움직이는가?

과 학 으 로 세 상 보 기

5.1 | 스스로 움직이는 세상

자연(自然)은 '스스로 그러하다'라는 한자이고 영어로는 'nature'이다. 자연은 스스로 움직이고 변화한다. 태양은 어김없이 아침에 떠오르고 계절은 철마다 속절없이 바뀌어 간다. 물이 증발해서 구름이 되고 바람은 구름을 흘러가게 하고 구름은 뭉쳐 빗물이 되어 떨어지고 물은 낮은 곳으로 흘러 스스로 바다로 도달한다. 식물들은 햇볕아래서 잘 자라고 동물들도 스스로 움직여 영양분을 취하며 살아간다. 자연은 어떻게 스스로 변화하고 또 순환되는가? 이러한 자연 현상 속에서 일정한 규칙을 찾는 것이 과학이다. 특별히 자연의 현상을 모델화한 것이 법칙이다.

자연의 법칙은 예외가 있으면 법칙이 아니다. 만약 예외가 생긴다면 그것은 자연이 아니든지 법칙이 아니든지 선택해야 할 것이다. 과학은 자연의 법칙에 기반하여 발전하여 왔다. 과학의 가장 기본적인 기반은 자연의 법칙들이다. 근대에서 현대에 이르기까지 자연과학이 눈부시게 발전해왔고 그 가운데 많은 법칙들이 발견되었다. 뉴톤의 가속도의 법칙, 관성의 법칙, 작용과 반작용의 법칙 등은 물체의 운동에 대한 법칙들이고 친숙한 명칭들이다. 화학분야에도 아보가드로의 법칙, 보일-샬의 법칙, 페러데이의 법칙... 등등이 있으며 모든 법칙을 일일이 열거하자면 꽤 많은 지면이 필요할 것이다.

5.2 | 열역학 법칙

물이 채워진 컵에 잉크 한 방울을 떨어뜨리면 잉크는 어떻게 되는가? 물속에서 퍼져나갈 것이다. 어떠한 힘을 가하지 않아도 잉크 방울은 가만히 있지 않고 물과 섞이게 된다. 결국 잉크의 농도가 균일해질 때까지 퍼져 나갈 것이다. 탁자 위에 뜨거운 찻잔을 놓고 있으면 찻잔 속의 차는 식게 된다. 가만히 놔두어도 잔속의 찻물은 주위의 온도와 같아질 때까지 식게 되는 것은 왜 그럴까? 사실 답은 세상의 이치가 그러하다는 것이다.

이러한 세상의 현상은 지구를 포함하는 이 우주를 움직이는 법칙이다. 세상을 움직이게 하는 힘은 열의 이동이 기초가 된다. 태양의 열이 지구에 도달하고 지구는 이 열을 기초로 하여 생태계가 유지된다. 식물의 광합성은 태양광을 이용하여 이루어지고 결국 식물의 광합성으로 생성된 바이오매스는 우리 지구의 생물들이 살아가는 원동력이 된다. 이러한 열의 이동 현상을 기술한 것이 열역학 법칙이다.

열역학 제0법칙

열역학 제0법칙에 따르면, 만약 계 A와 계 B를 접촉하여 열역학적 평형상태를 이루고 있고 계 B와 계 C를 접촉하여 열역학적 평형상태를 이루고 있다면, 계 A와 계 C를 접촉하여도 열역학적 평형을 이룬다. 두 계를 접촉하였을 때 열역학적 평형을 이루지 못한다면, 두 계 사이에 에너지나 물질의 알짜이동이 있다. 서로 열역학적 평형을 이루고 있는 두 계는 나중에 다시 접촉하였을 때도 평형을 이룬다. 간단히 말하면 위에서 말한 뜨거운 찻잔이 주위의 온도와 같을 때는 공기의 온도, 찻잔의 온도, 물의 온도는 열적으로 평형을 이루고 있으면 더 이상 열의 이동이 없다는 것이고 우리는 경험적으로 이 현상에 대하여 잘 알고 있다.

열역학 제0법칙은 열역학의 근본적인 개념이지만, 이것을 법칙으로 진술하게 된 것은 놀랍게도 열역학의 많은 부분이 완성된 후인 1930년대이다. 이미 열역학 1,2,3법칙이 확립되었기 때문에, 열역학의 가장 근본적인 이 개념은 자연스럽게 0법칙의 지위를 얻게 되었다. 여전히 열역학 제0법칙의 지위에 대한 논의가 이루어지고 있다.

열역학 제1법칙

열역학 제1법칙에 따르면, 단열 과정에서 일교환은 과정(process)의 구체적인 형태에 상관없이 초기 상태와 최종 상태에만 관계한다. 단열과정에서는 열이동이 없기 때문에, 이것은 에너지 보존 법칙과 동등한 진술이다. 이 법칙은 단열과정하에서 계의 에너지 이동은 계가 한 일 혹은 계에 한 일 밖에 없음을 의미한다. 이는 수학적으로 다음과 같이 표현된다.

$$dU = dq + dw$$

여기서 U는 계의 내부 에너지, q는 계로 흘러들어간 열에너지, w는 계에 가한 일이다

열역학적 평형은 열적 평형(열교환과 온도와 관계)과 역학적 평형(일교환과 압력 같은 일반화된 힘과 관계)과 화학적 평형(물질교환과 화학퍼텐셜과 관계)을 포함한다.

5.3 | 에너지

물체가 지니고 있는 물리적인 '일을 할 수 있는 능력을 에너지'라고 한다. 에너지는 여러 형태로 존재한다. 운동에 의한 '운동에너지', 높은 곳에 가두어진 물처럼 '위치에너지', 발전기를 통해서 만들어내는 '전기에너지', 그리고 '열에너지'가 있다.

실생활에서는 전용되어 생활력이나 동력 등에 대해서도 사용된다. 물체가 에너지(E)라는 크기의 일을 할 수 있는 상태에 있을 때, 이 물체는 E라는 크기의 에너지를 지니고 있다고 한다. 예를 들면, 높은 곳에 있는 물체가 낙하하면 다른 물체에 힘을 미쳐서 일을 하며, 또 어떤 속도로 운동하고 있는 물체는 그 운동을 방해하려는 다른 물체에 힘을 미쳐서 일을 할 수 있다. 즉, 높은 곳에 있는 물체는 지상에 있는 물체에 비해서, 또 운동체는 정지해 있는 물체에 비해서 보다 큰 일을 할 수 있는 가능성을 지니고 있다. 이것을 물리학에서는 높은 곳에 있는 물체는 높이에 상응하는 위치에너지($E=mgh$)를 가지고 있으며, 운동체는 그 속도에 의해서 결정되는 운동에너지($E=(1/2)mv^2$)를 가지고 있다고 한다.

에너지는 물체에 가해진 힘과 움직인 거리의 곱이다(힘 × 거리).

힘의 단위는 뉴우톤(N)이다(N의 차원은 $kg \cdot m/sec^2$ 이다). 따라서 에너지의 단위는 주울(J: joul)로 표시하고 $N \times m$ 즉 $kg\ m^2/sec^2$의 차원을 갖는다. 전통적으로 열의 단위는 칼로리(cal)로 표시하는데 이는 물을 1℃ (12.5℃에서 13.5℃로) 올리

는데 필요한 에너지를 말한다. 같은 에너지의 차원을 갖는다(1cal = 4.2J).

탄성체(彈性體)의 변형에너지를 비롯하여 열에너지, 전자기적 에너지 등, 자연계에는 여러 가지 물리적 상태에 따라 그 크기가 결정되는 많은 에너지가 있다. 또 물질 내에 보유되어 있어 화학변화에 따라 방출되는 화학에너지, 원자핵의 변환에 따라 나타나는 원자에너지 등, 물질의 화학적 결합상태나 원자핵 속에 있는 핵자(核子)의 결합상태에 대응하는 에너지도 생각할 수 있다.

사람이 살기 위해 하는 여러 가지 활동에는 반드시 그것에 상응한 에너지가 필요하게 된다. 추운 지역에서 살기 위해서는 난방용의 에너지가 필요하며, 밤에 활동하기 위해서는 조명용의 에너지가 필요하게 된다. 활발하게 활동하는 데는 많은 에너지가 필요하게 된다. 이것이 명확히 나타난 것이 18세기 후반에 영국에서 시작한 산업혁명이다.

에너지의 형태를 바꾸어 주는 것을 '기관(engine)'이라 한다. 화석연료의 에너지를 바꾸어 운동에너지로 바꾸어준 기관을 '증기기관'이라 칭하는데 이는 산업혁명을 이끄는 견인차 역할을 하였다.

이 산업혁명에 의해 그때까지의 농업중심 사회에서 공업중심의 현재 사회로 변혁이 일어나 사회의 가치관이 변했다. 이 산업혁명을 이루는 데는 대량의 에너지를 필요로 하였으나, 그 해결을 위해 James Watt 등에 의해 증기기관이 개발되어 그 연료로서 사용된 것이 석탄이다. 대량의 에너지공급 없이 산업혁명은 있을 수 없었다고 말할 수 있다.

에너지의 변환

에너지는 상호간에 변환할 수 있다. 예를 들면, 높은 곳에 있는 물의 위치에너지는 낙하함으로써 운동에너지로 변하고, 이것으로 발전기를 회전시키면 전기에너지로 변환된다. 또 전기에너지는 전동기를 통해서 운동에너지로 변하고, 전열기(電熱器)나 전등 등을 통해서 열에너지나 빛에너지로 변한다. 또 동물의 체내에서는 물질의 화학적 변화에 의해 생긴 열에너지가 끊임없이 역학적 에너지 또는 전기적 에너지로 변환되고 있다.

지구에서 에너지를 공급하는 원천은 태양이다. 지구가 생성된 이래 태양은 끊임없이 에너지를 방출하여 지구에 공급하여 왔다. 식물은 이러한 태양에너지를 전환하는 획기적인 방법을 사용하여 에너지를 저장한다. 우리는 그러한 활동을 '광합성(photosynthesis)이라 한다. 광합성은 이산화탄소와 물을 사용하여 태양에너지를 포도당(glucose)을 기본단위로 하는 여러 가지 형태의 식물체(biomass)를 만들고 생태계를 유지하는 생산자의 역할을 수행한다.

광합성에서 이산화탄소와 물은 산소와 포도당을 기본단위로 하는 탄수화물로 전환된다.

$$6CO_2 + 6H_2O + \text{태양에너지} \rightarrow C_6H_{12}O_6(\text{포도당}) + 6O_2\ (\text{산소})$$

바이오매스(biomass)란 어느 시점에 임의의 공간 내에 존재하는 특정한 생물군의 양을 중량이나 에너지량으로 나타낸 생물체량 또는 생물량이다. 일반적인 의미에서의 바이오매스는 식물체, 균체 그리고 미생물에 의해 분해된 식물체, 동물체와 이로 인하여 얻어지는 부산물 등의 유기체량을 의미한다. 지구 생태계는 식물이 공급하는 에너지원을 기초로 유지되고 먹이사슬을 통하여 복잡한 생물계를 만들어 왔다.

지구상의 식물들과 동물들은 매해 약 4×10^{11}톤(4000억톤) 물질량을 생성한다. 그리고 여기에는 약 1.5×10^{11}톤(1500억톤)의 탄소를 포함하고 있다. 매년 3×10^{21}J에 달하는 지구상의 바이오에너지를 생성하는 바이오매스 1kg당 평균 7.5MJ 만큼 저장된다. 이것은 약 100TW(1TW 는 10^{12}와트) 출력으로 1년간 생산할 수 있을 만큼의 에너지양이고, 2002년에 전 세계적으로 사용한 전력소모량인 14TW보다 몇 배나 더 많은 것이다. 저장된 바이오에너지의 반 정도는 식물을 유지시키는 데 쓰이므로, 전 세계적인 바이오매스 잠재력은 약 50TW라고 할 수 있다. 그중에서 우리는 에너지원으로서 약 5×10^{19}J/년의 에너지량을 바이오연료로 사용하고 있으며, 약 $1.6 \times 1{,}0^{19}$J/년의 에너지를 음식으로 소모된다. 추가적으로 바이오에너지 중 약 50% 정도가 대양에 저장되어 있다. 하지만 실질적으로 이는 접근성의 어려움으로 에너지원으로서 쓰지 못하고 있다.

식물은 광합성을 통하여 끊임없이 태양에너지를 식물체 즉 바이오매스로 전환하여 왔는데 이중 일부는 땅속으로 들어가 석탄, 석유, 가스 등으로 변화되었는데 이것을 통상 화석연료(fossil fuel)이라 한다. 인류는 산업혁명이후 기관(engine)을 구동시키는 연료로 사용하거나 난방이나 취사와 같은 열원으로 활용하여 왔다. 우리생활에 쓰이는 도시가스는 지하에서 채취하여 액화한 LNG(Liquified Natural Gas)이고 자동차용 휘발유, 디젤유 등은 원유를 증류하여 만들어 사용하고 있다. 석탄은 철광석을 제련하여 철을 생산하거나 화력발전소의 원료로 주로 사용하고 있다. 이러한 화석연료의 사용은 산업화가 가속되면서 사용량이 크게 증가하였고 화석연료의 연소에서 나오는 이산화탄소는 지구온난화를 일으키는 온실가스로 작용하여 새로운 온실가스가 배출되지 않는 새로운 대안 에너지를 모색해야 할 시대적인 전환점에 이르렀다.

에너지 변환 효율

보통 에너지 변환장치에서는 에너지의 변환율을 효율(效率)이라고 하는데, 열기관은 효율이 낮아서, 받아들인 열에너지 중에서 불과 35~40%만이 기계적인 동력(운동에너지)으로 변환된다. 이것은 운동에너지를 열에너지로 바꾸는 일(예를 들면, 마찰에 의해서)은 쉬우나, 반대로 열에너지를 전부 역학적인 일로 바꾸는 것은 원리적으로 불가능하기 때문이다. 일반적으로 에너지는 그 형태를 바꾸어도 변환의 전후를 통해서 그 총량은 변하지 않고 유지되지만, 이 상호변환은 반드시 가역적(可逆的)인 것만은 아니다. 이 관계는 열역학 제2법칙으로서 정식화되어 있다.

열역학 제2법칙은 '열은 높은 온도에서 낮은 온도로 흐른다'라는 경험적 법칙이다. 그러나 낮은 온도란 주위와 같은 온도를 말하는데 에너지를 사용하여 일(work)로 전환하기 위해서는 필연적으로 쓸모없는 열을 버려야하기 때문에 결국 효율은 100%가 될 수 없다는 것이다. 자동차에서 배출하는 배기가스의 열 엔진에서 나오는 열은 자동차가 굴러가게 하기 위해서, 즉 일을 얻기 위해서 버려지는 쓰레기 열인 셈이다. 예를 들어 방안에 냉장고를 열어 놓으면 방안의 온도는 떨어지지 않는다. 냉장고 뒤편에서 나오는 열이 냉각에 쓰이는 열보다 많기 때문에 방안의 온도는 소비되는 전력만큼 온도가 올라가게 된다. 우리 몸도 마찬가지다. 음식물을 소화시켜 일 에너지를 얻기 위해서는 열도 만들어질 뿐 아니라 소화되지 못하는 것은 배출해야 한다. 이처럼 에너지 변환을 위해서는 일로 변화된 에너지 전환율을 효율이라고 한다.

에너지와 산업

산업혁명 이후의 화석연료의 대량소비는 인류 생활에 편리함, 쾌적함, 여유를 준 동시에 인구의 급격한 증가를 초래하였다. 산업혁명 이전에는 지구 상의 인구는 적게 증가하여 18세기 초에는 약 6억 인이었다고 말하고 있다. 산업혁명 이후 인구는 급격히 증가하기 시작하여, 1999년 현재의 추계로는 약 60억 인이 지구상에 살고 있다. 즉 인류탄생 이래 18세기까지 수백만 년에 걸쳐 6억 인으로 증가한 인구가 산업혁명 이후 겨우 300년간에 50억 인 이상 증가한 셈이다. 더욱이 21세기의 지구 상 인구는 2050년에는 약 100억 인에 달하며, 그 인구증가의 많은 부분이 개발도상국이 점유할 것으로 예상되고 있다. 이 인구증가라는 압력이 지구에 무엇을 초래할 것인가? 한 가지는 식량부족이며 에너지의 대량소비이다. 세계의 에너지소비는 근년에 급격한 증가를 나타내고 있다. 소비되는 에너지의 대부분이 석탄 · 석유 · 천연가스와 같은 화석연료이며, 나머지를 원자력이나 수력 등이 맡고 있다. 이러한 에너지(특히 화석연료)의 대량소비의 결과로서 선진공업국들은 비약적인 경제성장을 이루어 사람들은 풍요한 생활을 향유해 왔다.

그러나 이러한 화석연료의 대량소비는 지구 환경오염과 지구 온난화라는 인류의 위기를 초래하는 원인이 되었다.

에너지 보존의 법칙

에너지는 그 형태를 바꾸거나 물체에서 물체로 옮기거나 해도 전체의 양에는 변함이 없다는 물리법칙을 말한다.

물질 및 장(場)으로 이루어진 물리학적 체계에 대한 가장 기본적인 물리법칙의 하나이다. 닫힌 계가 가지는 에너지 총계는 어떤 물리화학적 변화가 일어나도 불변

임을 의미하며, 외계에서 고립되어 서로 보존력을 미치고 있는 질점계(質點系)가 가지는 전(全)에너지는 운동에너지 $\Sigma(1/2)mv^2$(m은질점의 질량, v는 속도)와 질점의 위치만으로 정해지는 위치(퍼텐셜)에너지의 합으로 표시된다.

$$mv + mgh = mv' + mgh'$$

즉, 중력(重力)이나 정전기력(靜電氣力) 등 물체(또는 대전입자)에 작용하는 힘이 물체의 위치만으로 정해질 때에는 그 물체의 위치에너지가 감소하면 그 몫만큼 운동에너지가 증가하고, 반대로 운동에너지가 감소하면 그 몫만큼 위치에너지로 저장되어 위치에너지와 운동에너지의 합은 늘 일정하게 유지된다.

역학적 에너지 보존

일반적으로 운동체의 위치에너지와 운동에너지는 서로 전환할 수 있으며, 외력이 작용하지 않는 한 서로 전환하여 그 합은 항상 일정하게 유지된다. 진자의 운동을 예로 들면, 추의 운동에너지는 가장 낮은 위치에서 최대가 되고 가장 높은 위치에서 최소가 되어 양쪽 에너지의 합은 일정하게 유지된 채 운동이 계속된다(이때 공기의 저항은 생각하지 않는다). 이러한 관계를 역학적 에너지보존법칙이라 하며, 이 법칙이 성립하는 역학계를 보존계(保存系)라 한다. 진자의 운동 외에 용수철의 진동도 전형적인 예이다. 그러나 이 경우의 에너지보존법칙은 역학적 과정에 한해 성립되는 것이며, 여기에 다른 형태의 에너지(열 · 전기 등)가 관여할 때는 성립하지 않는다. 이 난점을 극복하고 에너지 변화과정을 모든 에너지로 확장하여 보존법칙이 모든 에너지에 대하여 성립한다고 하는 것이 열역학 제1법칙이다. 이 법칙은 물리학 전반에 걸쳐 성립하는 기본법칙으로 인정한다.

간단히 말하면 일과 열이 서로 같은 종류의 양이고 서로 변환되며 그 힘은 보존된다는 에너지 보존의 법칙이다. 열이 에너지의 한 형태라는 사실에 기초를 두어 이제까지 역학적 에너지 계에만 국한해서 생각해 오던 에너지보존법칙을 열 현상에까지 확장한 법칙을 말한다. 즉, 열과 역학적 에너지를 동등한 입장에서 다루어 이 두 가지 형태의 에너지를 합한 에너지의 보존법칙이다. 어떤 물질계가 한 상태에서 다른 상태로 변할 때, 그 사이에 얻어진 총 에너지는 외부에서 역학적 일 W와 외부에서 들어온 열량 Q의 합 W−Q와 같고, 이 값은 초기상태와 나중상태만으로 결정되고 변화과정에는 무관한 양이다. 이 W−Q는 두 상태량의 차(△U = U − U)와 같고 이를 내부에너지라고 한다.

$$\triangle U = U - U = W - Q$$

내부 에너지

'내부 에너지'란 엔탈피와 거의 같은 물리량이며, 개념도 거의 엇비슷하다. 한 고립계를 이룬 가스나 액체 분자들의 상태를 에너지란 잣대를 들이대고 물리량을 다룬 것일 뿐이다. '열역학 제1법칙'은 에너지 보존법칙이다. 가스 분자들이 한 계에서 다른 계로 바뀔 때, 물질들의 상태 변화가 일어나게 되고, 거기서 한 일들은 에너지의 다른 물리량들로 나타나게 된다. 이때, 물질 속에서 일을 해낸 에너지의 총량이 바로 '내부 에너지'다. '에너지 보존법칙'이란 물질이 갖는 내부 에너지가 한 고립계 안에서 새로 생겨나지도, 줄어들지도 않고 보존된다는 법칙이다.

덧붙이자면, 내부 에너지는 한 계에서 주로 가스나 액체를 이룬 물질들(원자, 분자 그리고 분자단 들로 이뤄진 이온)이 개별로 가질 수 있는 모든 에너지들이 합쳐진, 가상의 에너지를 뜻하는 물리량이다. 물질 안에서 알갱이들이 운동으로 생길 운동 에너지, 분자들끼리의 틈새들에서 서로 끌어당길 인력(위치 에너지) 들을 모두 합친, 이론적으로 가정할 수 있는 물질 내부에 잠재된 모든 에너지의 총합이다. 이들은 가상의 에너지들이므로 각각 따로 떼어내어 다룰 수 없는 물리량들이다.

이들을 뭉뚱그려 한 데 묶은 표현이 곧 내부 에너지의 물리량이다. 그 양은 상태방정식으로 셈해낼 수 있다. 상태 방정식은 계의 처음 그리고 마지막에 이뤄진 물리량들을 다루게 된다. 처음 상태가 마지막 상태로 바뀌면서 주고 받을 에너지의 변화의 물리량들은 곧 가상적인 내부 에너지의 변화로 나타나게 된다. 엔탈피나 엔트로피도 계 안에서 에너지의 변화를 거치는 동안, 처음 그리고 마지막 상태들에서 우리가 그 계의 열적변화를 가늠할 수 있는 물리량들이다.

외부에서 열의 흡입이 없고 일도 받지 않았다면, 그 물질계의 에너지는 변하지 않는다. 따라서 물질계의 에너지를 감소시키지 않고 외부에 일을 할 수 있는 장치, 즉 제1종 영구기관은 원리적으로 제작이 불가능하다고 할 수 있다.

이 에너지 보존법칙을 이야기하려면 먼저 열린 계와 닫힌 계를 생각해야 하는데 '계(系, system)'란 우리가 관심을 갖고 관찰하려고 하는 우주의 일부분이고 그 나머지는 주위(surrounding)라고 하는데 열린 계란 이 주위를 통해 무언가가 교환이 가능한 것을 말한다. 따라서 우주의 에너지는 보존된다고 말할 때 닫힌 계를 두고 하는 말이다. 이 때 에너지 보존의 법칙은 다음과 같이 풀어 말할 수 있다.

우주가 처음 생길 때 일정한 양의 에너지가 주어졌다. 이 에너지는 질량과 변환되지만 전체로는 불변이다. 이 일정한 에너지를 가지고 우주는 살림을 꾸려 나간다. 우주의 일부를 떼어놓고 외부와 차단된 닫힌 계로 생각한다면 그 안에 어떤 물리화학적 변화가 일어나더라도 그 계의 에너지는 보존된다.

열역학 제2법칙에 따르면, "열원(reservoir)으로부터 양의 열에너지를 뽑아서 모두 일로 전환하되, 다른 추가적인 효과를 동반하지 않는 순환과정(cycle)은 존재하지 않는다". 논리적으로 제2법칙은 물리학의 '법칙'이라기보다, 매우 큰 계 혹은 오랜 시간에 대한 정리일 뿐이다.

물리학에서 열역학 제2법칙(second law of thermodynamics)은 열적으로 고립된 계의 총 엔트로피가 감소하지 않는다는 법칙이다. 열역학 2법칙을 통해 차가운 부분에 한 일이 없을 때, 열이 차가운 부분에서 뜨거운 부분으로 흐르지 않는 이유와 열원(reservoir)에서 열에너지가 모두 일로 전환될 때, 다른 추가적인 효과를 동반하지 않는 순환과정(cycle)은 존재하지 않는다는 점에 대해 설명할 수 있다. 또한 열역학 2법칙에 따르면 총 일의 생산에 있어, 열의 이동은 뜨거운 열원에서 차가운 열원으로 향한다. 따라서 영구 기관은 존재할 수 없다. 어떠한 과정에서 엔트로피 증가가 적다는 것은 그 과정의 에너지 효율이 좋다는 것을 뜻한다.

열역학 제2법칙의 모순처럼, 고립계가 아닌 계의 엔트로피는 감소하는 것으로 보여질 수도 있다. 예를 들어 에어컨은 방 안의 공기를 차갑게 해주어서 공기의 엔트로피를 감소시킨다. 하지만 방 안으로부터 방출되거나 에어컨이 작동함에 따라 흡수되는 열은 항상 그 계의 공기의 엔트로피의 감소보다 많은 양의 엔트로피를 생성한다. 따라서 전체 계의 총 엔트로피는 열역학 제2법칙에 의하여 증가한다.

이러한 엔트로피의 개념은 에너지의 흐름을 설명하는 개념으로 유용하다. 즉 엔트로피의 정의는 열량(Q)을 온도(T)로 나눈 것이다. 즉 엔트로피 (S) = Q/T라고 정의된다. 엔트로피란, 절대 0도인 0K에서 어떤 온도까지 물질의 온도를 올리는데 사용된 총 열량과 온도와의 관계를 나타내는 성질지만, 우리가 열역학적 해석에서 필요한 열량의 개념은 절대 0도로부터의 열량이 아니라, 어떤 두 온도 사이에서의 열량의 변화인 것이다. 그래서 우리가 사용하는 여러 가지 물질 성질 표에 나타난 엔트로피 값들은 절대 0도를 기준으로 하여 계산된 엔트로피 값들이 아니고, 어느 기준 온도로부터의 열량과 온도의 관계를 나타내는 엔트로피 값이다. 따라서 엔트로피는 에너지의 유용성 즉 에너지의 일로 변화될 수 있는 질적인 상대적인 상태를 표현하는데 사용된다.

엔트로피의 또 다른 표현으로 통계학적인 정의가 있다. 간단히 설명하면 컵에 잉크방울을 떨어뜨리면 잉크방울은 저절로 퍼져간다는 것이다. 어디까지 퍼져갈까? 더 이상 퍼져갈 수 없는 상태, 잉크와 물이 완전히 혼합될 때까지 계속 퍼져나갈 것이다. 이렇게 잉크와 물의 혼합이 완전히 이루어진 상태가 엔트로피가 최대가 된 상태이다. 질서와 무질서의 관점에서 보면 무질서 상태가 최대가 될 때까지 혼합은 계속 이루어진다는 것이다. 컵에 퍼져 있는 잉크를 다시 잉크방울로 만들기 위해서는 많은 노력이 필요할 것이다. 잉크와 물의 차이점을 이용하여 잉크를 회수하기 위해서는 에너지가 투입되어야 한다. 통계학적인 측면에서의 엔트로피는 '무질서도'로 표현된다. 우주는 계속 무질서하는 방향으로 흘러간다. 이러한 엔트로피 증가는 에너지의 흐름 뿐 아니라 물질이 변화하는 방향을 설정한다.

5.4 | 세상은 어디로 향해 가는가?

20세기 이전에는 우주는 변함이 없는 영원한 존재로 여겨졌다. 지구는 태양의 둘레를 도는 것이 시간이고 공간 속의 물체는 운동법칙이 지배하는 고정된 우주관이었다. 아이슈타인이 시공간(time space)의 개념을 도입하여 우주의 공간과 시간은 상대적이라는 시각을 도입하였지만 우주는 변함이 없는 것으로 보았다. 허블이 천체관측을 통하여 별들이 지구로 멀어지는 것을 밝혀낸 이후 우주는 끊임없이 팽창하는 변화하는 우주관이 사실로 받아들여졌다. 우주는 한 점에서 시작하여 언제까지 일지 모르지만 끝없이 팽창하는 것이 현대의 우주관이고 이를 뒷받침하는 과학적 근거도 밝혀졌다.

엔트로피

물질계(物質系)의 열적 상태(熱的狀態)를 나타내는 물리량의 하나이다. 1865년 클라우지우스가 변화를 뜻하는 그리스어 τροπη에서 이 물리량을 엔트로피라 이름하였다. 이론적으로는 물질계가 흡수하는 열량 dQ와 절대온도 T와의 비 dS=dQ/T로 정의한다. 여기서 dS는 물질계가 열을 흡수하는 동안의 엔트로피 변화량이다. 열기관(熱機關)의 효율을 이론적으로 계산하는 이상기관에서는 모든 과정이 가역과정이므로 엔트로피는 일정하게 유지되지만 일반적으로 현상이 비가역 과정인 자연적 과정을 따르게 될 때에는 이 양은 증가하고 자연적 과정에 역행할 때에는 감소하는 성질이 있다. 즉 자연현상의 변화가 자연적 방향을 따라 발생하는가를 나타내는 척도로 다루어진다.

대부분 자연현상의 변화는 어떤 일정한 방향으로만 진행한다. 즉, 열이 낮은 온도에서 높은 온도로 흐르거나, 아무런 다른 변화 없이 열이 일로 바뀌는 것은 사람들의 경험을 통해 과거에 한 번도 일어난 일도 없고 앞으로도 일어나지 않을 것으로 사실상 확신할 수 있는 일들이다. 그러나 그것들이 이론적으로 불가능하다고 증명된 일은 없다. 따라서 일어날 수도 있지만 그 확률이 극히 낮아서 관측하기 불가능하다고 보는 것이 나을 것이다. 그렇다면 열역학 제2법칙이 제시하는 변화의 방향성, 예를 들어 열이 높은 온도에서 낮은 온도로 흐르는 것은 그 방향으로 변화가 일어날 확률이 지극히 높음을 이야기하는 것이다. 또한 자연현상의 변화는 물질계의 엔트로피가 증가하는 방향으로 진행한다는 말은 엔트로피가 증가하는 변화가 일어날 확률이 지극히 높다는 것이 된다. 어떤 한 상태(상태1)에서 다른 한 상태(상태2)로의 변화가 항상 일어나기 위해서는 상태2가 상태1보다 확률이 지극히 높은 상태여야 한다. 결국 엔트로피는 이와 같이 확률과 연관되어 있다.

어떤 상태에 대한 엔트로피는 그 상태에 대한 확률의 척도일 뿐 아니라, 또한 그 상태에 대한 무질서함(randomness)의 척도이기도 하다. 어떤 계의 무질서한 상태(예를 들어, 기체 상태)에 해당하는 분자들의 배열 방법 수는 매우 많고, 그대 대한 확률이 큰데 반해 질서가 있는 상태(예를 들어 고체 상태)에 대한 배열 방법 수와 그 확률은 극히 작기 때문이다.

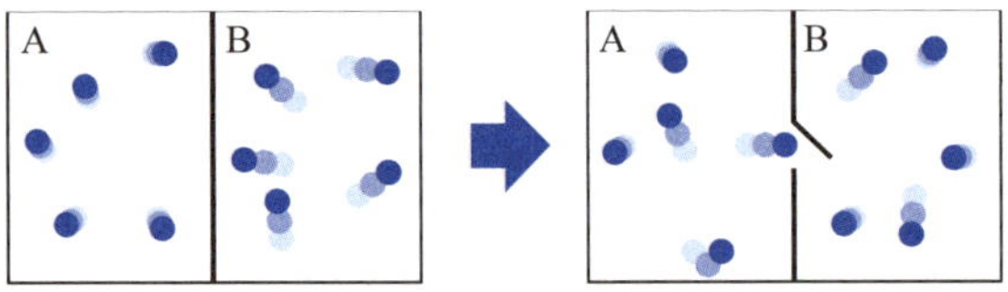

그림 5.1

52장의 카드놀이를 생각할 때 아무렇게나 섞여 있는 상태(무질서)와 다이아몬드 12장이 순서대로 끼어 있는 생태(질서 있는 상태)는 후자의 확률이 훨씬 적다는 것을 알 것이다. 카드를 아무렇게나 몇 번 치고 있으면 점차 확률이 큰 쪽으로 가게 된다. 10의 20제곱이 훨씬 넘는 분자들로 이루어진 기체계의 분자배열에서는 그 정도가 얼마나 심하겠는가? 여기서는 역행하는 확률이 거의 나타나지 않는다. 잘 정돈된 진열장에서 유리컵이 떨어져 깨질 확률은 크지만 그 파편이 다시 모아서 온전한 유리컵이 될 확률은 거의 없다. 다시 말하면 엔트로피는 무엇보다도 물질계의 열적 상태로부터 정해진 양으로서, 통계역학의 입장에서는 열역학적인 확률을 나타내는 양으로 엔트로피 증가의 원리는 분자운동이 확률이 적은 질서 있는 상태로부터 확률이 큰 무질서한 상태로 이동해 가는 자연적 현상으로 해석된다. 예를 들면, 마찰에 의한 열이 발생하는 것은 역학적 운동(분자의 질서 있는 운동)이 열운동(무질서한 분자운동)으로 변하는 과정이며 고온 물체에서 저온 물체로 열이 이동하는 것은 국부적으로 분자운동에 개별성이 있다고 하는 질서 있는 상태에서 분자운동이 균일해지는 무질서상태로 이동해 가는 것이다. 이들은 어느 경우에나 엔트로피가 증가하지만 그 반대의 과정은 무질서에서 질서로 옮겨가는 것이며 이 과정은 자발적으로 일어나지 않는다. 일반적으로 열역학적 확률의 최대값은 온도가 균일한 열 평형상태에 대응하는 것으로서, 고찰하고 있는 물질계가 다른 에너지의 출입이 없는 고립계(孤立系)인 경우에는 늦던 빠르던 전체가 열 평형에 도달하여 모든 열 과정이 정지하는 것이라고 생각된다. 이로부터 엔트로피 증가의 법칙이 발표된 직후 만약 이 법칙이 정당하다면 우주는 어느 것이나 열 평형에 도달하여 모든 종류의 에너지가 분자의 불규칙적인 열 운동으로 변하여, 열의 종말, 즉 우주의 종말에 도달하게 될 것이라는 논쟁이 일어났다. 그러나 이는 우주를 고립된 유한한 계라고 가정했을 때의 결론이다.

구체적인 예를 들어보자. 어떤 시스템의 엔트로피의 변화는 시스템에 가해진 열을 그 시스템의 절대온도로 나눈 값을 말한다. 식으로 쓰면 다음과 같다.

$$\triangle S \geq Q / T$$

예를 들어 600도의 물체에서 300도의 물체로 3000Kcal의 열이 이동했다면
600도 물체의 엔트로피의 변화는 −3000/600 = −5Kcal/K (감소)
300도의 물체의 엔트로피의 변화는 +3000/300 = +10Kcal/K (증가)
그래서 전체적인 엔트로피의 증가는 10−5 = 5 Kcal/K가 된다.

연속적인 운전에 의하여 에너지를 창출하는 기계장치(제1종 영구기관) 및 열을 모두 남김없이 일로 변환하는 기계장치(제2종 연구기관) 등은 각각 열역학 제1법칙 및 제2법칙에 위배되어 실제로는 제작할 수 없다.

에너지 보존에 어긋나는 열기관을 만들 수 없는 것처럼 열역학 제2법칙에 어긋나는 열기관, 즉 엔트로피를 감소시키는 열기관은 만들 수 없다. 예를 들어 600도의 물체에서 300도의 물체에 3000Kcal의 열 이동을 하는데 1800Kcal의 열을 빼내서 일로 바꾸는 열기관이 있었다고 하자.

600도 물체의 엔트로피 변화는 −3000/600 = −5Kcal/K
300도 물체의 엔트로피 변화는 +(3000−1800)/300 = +4Kcal/K
그래서 전체적인 엔트로피의 변화는 −5+4 = −1이 된다.

즉 이런 열효율 기관을 있을 수 없다. 이 때는 외부에서 어떤 변화가 있어야 한다. 즉 저온부에서 고온부로 열이 이동한다고 하는 자연현상에 역행하는 과정, 예를 들면 냉동기의 저온부에서 열을 빼앗아 고온부로 방출하는 과정에서는 확실히 국부적으로 엔트로피가 감소하지만, 이것에는 냉동기를 작동시키는 모터 내에서 전류가 열로 바뀐다고 하는 자연적 과정이 필연적으로 동반되므로 전체로서는 엔트로피가 증가하는 것을 확인할 수 있다.

마찬가지로 역학적 일이 열로 바뀌는 과정은, 엔트로피가 증가하는 자연적 과정이지만, 열이 역학적 일로 바뀌는 것은 비자연적인 것으로, 이것은 열의 일부가 저온부(예컨대 바깥 공기 등)를 데운다고 하는 자연적 과정이 선행되기 때문이다. 요컨대 자연현상은 때때로 국부적인 부분의 엔트로피가 감소하는 비자연적 변화를 따르는 것도 있지만, 그것에 관계되는 물질계 전체를 다루어 보면, 항상 엔트로피를 증가시키는 방향으로 현상이 변화한다. 이 이론은 자연현상이 일어나는 방향을 정하는 것으로서, 에너지보존법칙과 함께 열역학의 기본법칙으로 중요하다. 이상기체에서 엔트로피가 증가하지 않는 것은 가역변화라고 하는 비현실적인 변화를 가정하고 있기 때문이다.

5.5 | 세상이 흘러가는 방향

우주는 정지된 상태가 아니라 변화한다. "우주는 엔트로피가 증가하는 방향으로 진행한다". 1865년 클라우지우스[9]가 한 말이다. 결국 시간에 따라 엔트로피가 증가한다는 뜻이다. 엔트로피 개념은 일단 정의가 된 후에는 이처럼 중요한 역할을 하게 되었다. 우주의 모든 변화를 통해서 항상 보존되는 것이 '에너지'인 반면에, 이런 변화가 방향성을 나타내 주면서 항상 증가하는 양이 '엔트로피'였기 때문이다. 그

9 루돌프 율리우스 에마누엘 클라우지우스(Rudolf Julius Emanuel Clausius, 1822~1888)는 독일의 물리학자이다. 루돌프 클라우지우스는 열역학에 절대온도와 엔트로피, 엔탈피 개념을 도입하여 클라우지우스 크라페 이론의 식을 발견했다. 열역학 제1법칙과 제2법칙을 발견했다.1850년 그는 그의 가장 중요한 논문인 《On the mechanical theory of heat》을 통해 열역학 제2법칙을 발표하였고, 1865년에는 엔트로피 개념을 소개했다

그림 5.2 클라우지우스(1822~1888, Rudolf Julius Emanuel Clausius)

러나 이렇게 태어난 엔트로피 개념이 사람들에 의해 쉽게 받아들여졌던 것은 아니었다.

우선 1865년 클라우지우스에 의해 처음 제시된 이래 한참 동안 엔트로피의 개념은 제대로 이해되지 못하고 많은 오해를 불러일으켰다. 클라우지우스 자신도 그 자신이 정의한 개념을 완전히 파악하지 못한 면이 있을 정도였다. 이 같은 오해가 있었던 것은 클라우지우스에 의해 엔트로피가 정의된 형태가 지극히 간접적이었기 때문이었다. 그것은 그 자체로서가 아니라 그 미분량으로서 정의되었으며, 그것은 이상적인 가역적 과정의 제한 하에서의 정의였다. 따라서 실제 비가역적 과정에 대한 엔트로피의 변화는 계산하기도 힘이 들었고, 그것이 계산될 수 있었다고 해도 물리적으로 어떤 의미를 지녔는지 이해하기가 극히 힘들었다. 그리고 그 점은 물리적 의미가 어느 정도 직관적으로 파악되었던 에너지 개념과는 크게 대조적이었다.

따라서 엔트로피 개념이 등장하자 곧 그것에 물리적 의미를 부여해 보려는 노력이 나타났다. 그리고 클라우지우스 자신에 의해 시작된 그 같은 시도가 성공한 것은 확률적인 방식을 통해서였다. 그것은 열역학 제2법칙이 수학적 추론에 의해서나 이론적 증명을 통해서 얻어진 것이 아니라 경험적인 사실이라는 점으로부터 시작했다. 클라우지우스와 톰슨이 불가능하다고 했던 일들, 곧 열이 낮은 온도에서 높은 온도로 흐르거나 아무런 다른 변화 없이 열이 일로 바뀌는 것은 사람들의 경험을 통해 과거에 한 번도 일어나지 않았고, 따라서 앞으로도 일어나지 않을 것으로 사실상 확신할 수 있는 일들이지만, 그것들은 이론적으로 불가능함이 증명된 일들은 아니었다. 이런 일들은 일어날 수는 있지만, 그 확률이 극히 낮아서 경험적으로 그것이 일어나는 것을 관측하기가 불가능한 일들이었던 것이다.

그림 5.3 볼츠만(1844~1888, Ludwig Boltzmann)

그렇다면 열역학 제2법칙이 제시하는 변화의 방향성, 예를 들어 열이 높은 온도에서 낮은 온도로 흐르는 것은 그 방향으로 변화가 일어날 확률이 지극히 높음을 이야기하는 것이 된다. 그리고 우주의 모든 변화가 엔트로피가 증가하는 방향으로 일어난다는 것은 엔트로피가 증가하는 변화가 일어날 확률이 지극히 높다는 것이 된다. 어떤 한 상태(상태 1)에서 다른 한 상태(상태 2)로의 변화가 항상 일어나기 위해서는 상태 2가 상태 1보다 확률이 지극히 높은 상태여야만 한다. 그런데 이 변화에서 상태 2는 상태 1보다 엔트로피가 높은 상태이므로, 결국 엔트로피가 확률과 직접 연결되어 있고, 어떤 상태에 대한 엔트로피가 그 상태에 대한 확률의 척도가 될 것임을 알 수 있다. 실제로 볼츠만[10]은 1877년의 논문에서, 주어진 상태에 대한 엔트로피가 그 상태에 해당되는 분자들의 배열방법 수의 로그(log)에 비례함을 보일 수 있었고, 확률이 배열방법 수에 비례하기 때문에 이는 엔트로피가 확률의 로그에 비례함을 의미했다.

어떤 상태에 대한 엔트로피는 그 상태에 대한 확률의 척도일 뿐만 아니라, 또한 그 상태의 무질서함의 척도이기도 하다. 어떤 계(system)의 무질서한 상태(예를 들어, 기체상태)에 해당하는 분자들의 배열방법 수는 퍽 많고, 그에 대한 확률이 큰 데 반해, 질서가 있는 상태(예를 들어 고체상태)에 대한 배열방법 수와 그 확률은 극히 작기 때문이다. 따라서 어떤 계 속에 담겨 있는 기체분자들의 가능한 배열방

10 루트비히 에두아르트 볼츠만(독일어: Ludwig Eduard Boltzmann, 1844년~1906년)은 통계역학과 통계열역학으로 유명한 오스트리아 출신의 물리학자이다. 그는 과학적 모델에 대해 대단히 논쟁이 심할 시기에 원자론을 주창한 가장 중요한 사람 중에 한 명이다.

법들을 모두 찾아볼 수 있다면(예를 들어, 순간순간마다 분자들의 스냅사진을 찍어서) 그 중의 거의 모든 배열이 분자들이 아무렇게나 섞여 있는 무질서한 상태에 해당되고, 극히 드문 경우에만 질서가 있는 상태(예를 들어, 모든 분자들이 용기의 한 쪽에만 모여 있거나, 속도가 빠른 분자들은 모두 한쪽에 있고 느린 분자들은 모두 다른 쪽에 있는)가 얻어질 것이다. 이로부터 볼츠만은 어떤 기체계의 분자들이 질서 있는 배열로부터 시작해서 움직여 간다면 시간이 지나면서 점점 무질서한 배열들로 가게 되리라는 것을 쉽게 예측할 수 있었다. 무질서한 배열들이 가능한 배열 방법의 수가 훨씬 많고 그에 따라 확률이 높기 때문이다.

볼츠만의 이 같은 논의는 카드놀이의 예를 들어보면 이해가 쉬워진다. 아무렇게나 카드를 섞어서 놓으면 가능한 대부분의 카드배열은 무질서한 것이 될 것이고, 무늬나 숫자가 마구 섞여 있는 것이 될 것이다. 무늬가 같은 것끼리 모여 있거나 숫자가 순서대로 되어 있는 질서가 있는 배열은 아주 드물게 얻어질 것이다(이 질서 있는 배열을 손에 쥐어야 이기는 확률이 높다). 따라서 질서가 있는 배열로부터 시작해 카드를 섞으면 거의 틀림없이 질서가 줄어든 배열이 얻어질 것이다. 무질서한 상태가 확률이 높기 때문이다. 물론 무수히 많은 배열들 중에서 아주 드물게는 질서가 있는 배열이 얻어질 수도' 있다. 그러나 아무리 섞기를 오래 되풀이한다고 해도 52장의 카드가 완전히 처음과 같이 질서 있는 배열로 얻어지는 일이 생길 것을 기대하는 사람은 아무도 없을 것이다. 그리고 52장의 카드의 배열에서 무질서한 배열의 확률의 크기가 이러하다면, 10의 20제곱이 훨씬 넘는 숫자의 분자들로 이루어진 기체계의 분자배열에서는 그 정도가 얼마나 심하겠는가 하는 점에서 볼츠만의 논의의 힘을 짐작할 수가 있다.

따라서 볼츠만의 이 같은 논의로부터 분자들로 이루어진 계가 겪게 될 어느 물리적 과정에서나 무질서함(엔트로피)이 증가할 것은 거의 확실했다. 그리고 열역학 제2법칙은 많은 숫자의 분자들로 이루어진 계에 적용되는 이 같은 거의 확실한 사실에 대한 확률적인 법칙이었다. 물론 확률적 법칙인 까닭에 엔트로피가 감소하는 것과 같은 극히 드문 경우가 일어날 수 있는 것은 사실이다.

예를 들어, 컵 속의 물의 분자들은 보통 아무 방향으로나 무질서하게 움직이지만,

한 순간에 모든 분자들이 한 방향으로만—예를 들어 위로만—질서 있게 움직인다는 것이 절대적으로 불가능한 일은 아니며, 그러면 물은 저절로 컵 위로 용솟음쳐 올라올 것이다. 이 경우에는 무질서한 움직임이 저절로 질서 있는 움직임으로 된 셈이며, 엔트로피는 감소한다. 그러나 이런 일이 일어날 확률은 극히 작아서 거의 불가능에 가깝고, 엔트로피가 항상 증가한다는 열역학 제2법칙은 바로 그것을 말해 주는 것이다.

엔트로피를 이처럼 확률을 통해 정의해 줌으로써 볼츠만은 열역학 제2법칙을 확률의 법칙의 직접적인 표현으로 만들어 주었다. 어떤 상태에 대한 엔트로피는 그 상태의 확률을 나타내 주는 척도이며, 계는 확률이 낮은 상태에서 높은 상태로 이동하려 할 것이기 때문에 엔트로피가 증가한다. 그리고 이제 엔트로피와 확률 사이의 관계, 그것들과 분자배열의 무질서함 사이의 관계가 명확히 주어짐으로써, 엔트로피는 열의 출입이 수반되는 변화에 대해 간접적으로 주어진 정의에서 벗어나서 모든 물리적 상태에 적용 가능해진 정의를 지니게 되었다.

5.6 | 저절로 돌아가는 세상

깁스의 자유 에너지

깁스 자유 에너지(Gibbs free energy)는 정압 자유에너지 또는 열역학 위치에너지라고도 하며 열역학적 특성함수의 하나이다. G=H−TS(H: 엔탈피, T: 온도, S: 엔트로피)로 정의된다. 온도와 압력이 일정한 조건 하에서 외부와 물질을 주고 받지 않는 계는 G가 최소일 때 열역학적으로 가장 안정한 상태로 된다. 헬름홀쯔 자유에너지(Helmholz's free energy)는 정용 자유에너지라고도 하는 열역학적 특성함수의 하나이다. F=E−TS(E: 내부 에너지, T: 온도, S: 엔트로피)로 정의된다. 온도와 부피가 일정한 조건 하에서 외부와 물질을 주고 받지 않는 계는 F가 최소일 때 열역학적으로 가장 안정한 상태로 된다. F는 통계역학으로부터 직접 유도된다. 즉 계의 분배함수를 Z로 하면 F=−kTlogZ (k:Boltzmann 상수).

1873년 발표된 깁스의 두 논문들은 열역학에서 기본 물리량들인 엔트로피, 에너지 그리고 부피를 세 개의 축들로 삼은, 3차원으로 된 많은 그래프들을 그려냈다. 가스, 액체 그리고 고체 들은 그 그래프 위에서 뚜렷하게 서로 경계를 이루면서 독특한 모습들로 나눠졌다. 물리학이나 화학에서 그런 물질의 모양새를 '상(相, phase)'이라 쓴다. 균질한 물질만으로 이뤄진 그 물질 나름의 한 모양새이다. 깁스 이전엔 아무도 그런 발상을 하지 못했다.

깁스가 그린 그래프들 위에서 나타날 액체상 그리고 고체상 둘이 서로 균형(평형)을 이룰 때, 두 상들의 틈새인 경계면에서 숨겨져 있던 새롭고 쓸모 있는 기술정보들이 돌출했다. 예컨대, 물질의 상태 방정식은 부피, 온도 그리고 압력 셋의 변수들로 짜진다. 이들 중에서 압력 그리고 온도가 그 물질의 상을 바꾸는 데 작용할 큰 변수임을 깨달았다.

깁스가 그런 그래프를 그려낼 1870년대쯤엔, 과학자들은 물질의 안정성, 평형, 증발열, 응축열 들에 관한 정보들을 논리적으론 자세하게 설명하지 못했었다. 깁스가 처음 장난삼아 그려본 그래프들엔 그런 정보들이 뚜렷이 나타났다. 그의 그래프에 나타난 여러 상들의 경계면들은 믿기 어렵게도, 물질의 물리적 성질을 한 눈에 띄게 직설적으로 보여주었다. 엔트로피 그리고 부피, 이 둘의 물리량들은 한 물질이 고체, 액체 그리고 기체의 상들로 바뀔 때, 그들의 경계선들은 심하게 찌그러지면서 어떤 물리적 특성으로 돋보여 나타났다.

1878년에 발표된 깁스의 300쪽을 넘는 긴 논문에서, 그는 여러 가지 물질들이 물리적으로 서로 혼합된 용액들에서도 그의 그래프 분석법을 쓸 수 있음을 알았다. 예컨대, 어떤 에너지의 조건들에서 공기 중의 수증기들이 물방울로 뭉쳐져 빗방울이 되는지? 여러 화학물질들이 혼합된 용액일 경우, 어떤 에너지의 조건들에서 고체상이 액체상으로 변하면서 물질들이 새로운 물리적 모양새로 뒤바뀌지고 혹은 녹아드는지? 이 모든 것이 열역학에서 한 주체인 에너지로 해결될 수 있음을 밝혀냈다. 이런 현상들은 곧 깁스의 자유 에너지 개념으로 이어진다.

깁스는 크고 복잡한 한 계를 미세하게 갈라놓고, 거기에 그의 패러독스를 적용시켜봤다. 어떤 때는, 작은 부피의 가스가 액체상으로 변할 것이고, 녹아있던 성분들이 한 결정을 이루면서 가라앉을 것이며, 화합된 물질이 다시 개별 성분으로 갈라지게 될 수도 있을 것으로 여겼다. 이런 모든 현상들은 에너지, 압력, 온도, 엔트로피들로부터 이뤄짐을 알게 된다. 즉, 열역학적 요소들의 요술이었던 것이다.

깁스는 그런 열역학적 요소들 중에서도 특히 에너지의 몫에 더 관심을 두고 접근했다. 미세하게 갈라놓은 조각들에서 일어날 작은 에너지 변화들이 그 계의 전체에 미칠 영향을 에너지 몫으로 따져봤다. 그 작은 변화들이 그 계에서는 전체적으로 에너지의 증가나 감소로 나타나게 될 것이다.

만일 그런 에너지가 감소하면, 그 계의 상태는 스스로 변할 것이며, 그런 변화에 외부의 에너지가 더 필요할 경우, 그 계의 상태는 그대로 유지될 것으로 결론을 내렸다. 그 에너지가 바로 깁스의 자유 에너지이란 열역학에서 참으로 귀중한 한 잣대이다.

제6장

도구가 세상을 바꾼다

과학으로 세상보기

6.1 | 도구의 탄생

세상 안에서는 무수한 자연현상이 일어난다. 이러한 자연현상은 본래 존재하고 있지만 인간은 이러한 형상을 유용하게 조합하여 발명을 한다. 인간이 오늘날 문명을 만들어 가는데 중요한 역할을 한 것이 '도구'이다. 도구란 좁은 의미로 어떤 일을 수행하는 공구적 역할(tools)을 의미하지만 여기서 말하고자 하는 도구는 인간이 사용하는 '문명의 이기'로 정의하자. 도구는 인간이 살아가는데 필수적인 요소가 되었다. 그래서 인간을 영장류 중에서 호모 사피엔스(home sapience)라고 하는데 이는 '명석한 영장류' 또는 '도구를 사용하는 영장류'라는 뜻이다.

먼저 우리 주위를 살펴보자. 밥을 짓기 위해서는 밥솥과 쌀과 물을 가열하기 위한 가스레인지 등과 같은 가열기구를 사용한다. 그리고 각종 주방기구로 요리를 하고 식기를 사용하여 식사를 하고 있다. 또한 빨래를 하기 위하여 더 이상 우물가나 개울가로 가지 않는다. 갈만한 우물이나 개울도 없거니와 그러한 수고를 대신해줄 세탁기가 있기 때문이다. 전자동 세탁기는 스스로 물을 주입하고 돌리고 탈수하여 빨래감을 넣고 빼기만 하면 손쉽게 세탁을 할 수 있다. 이러한 세탁기가 발명되기 위해서는 전기가 있어야 하고 모터라는 원동기가 필요하고 물을 공급하는 상수도 시설, 물을 배출하는 하수도 시설, 그리고 세탁기 안에서 때가 잘 빠지도록 하는 세제, 그리고 물의 흐름을 원활히 하기 위한 유체역학적 현상을 이해하여야 한다. 벌써 세탁기라는 한 개의 도구에는 많은 기존 발명품 즉 여러 도구가 조합되어 있다. 세탁기가 편리한 문명의 도구이지만 세탁기에 의하여 세상이 바뀌었다고 단정짓는 것은 무리이다. 역사적으로 보면 근본적으로 세상을 바꾸는 도구가 몇 가지 있다. 우리는 시대의 변화를 '패러다임(paradime)의 변화'라고 표현한다.

인류 최초의 큰 변화는 석기 문명에서 철기문명으로 변화하는 것이다. 물론 원시 문명의 측면에서 보면 석기도 나무와 같은 연한 물체보다는 수렵이나 무언가를 깨뜨릴 때는 더욱 유용한 도구이지만 석기에 의하여 인류문명에 큰 변화를 가져왔다고 보지는 않는다. 그것은 석기라는 도구에 의한 생산성의 변화가 그렇게 혁신적인 변화를 초래하지 않았기 때문이다. 이에 반하여 철기의 도입은 그야말로 혁신적인 변화를 초래하였다. 돌로 수렵을 하거나 땅을 파는 도구를 만드는 것에 비하여 철광석을 제련하여 쇠를 만들고 이것을 두드려 수렵도구인 창이나 농기구를 만든 후의 세상은 오늘날 삽으로 땅을 파는 것과 포크레인으로 땅을 파는 수준 이상의 변화를 초래하였다. 인류는 자연의 산물을 채집하는 단계에서 농작물을 인위적으로 생산하는 농업이라는 새로운 방식을 통하여 식량을 조달하게 되었다. 농업에 의한 식량 생산이 증가하고 이에 따라 잉여 농산물을 저장하고 이동할 수 있게 되면서 여기저기 이동하지 않고 모여살 수 있게 되었고 결과적으로 국가라는 개념이 생겨나게 되었다. 농민으로부터 세금으로 징수한 식량을 축적하고 단단한 철기로 무장한 많은 인구를 가진 국가는 전쟁을 통하여 보다 큰 통일국가를 만들게 된다. 즉, 제국이 탄생하는 것이다. 커다란 제국을 통치한다는 것은 작은 국가를 통치하는 것과는 차원이 다르다. 보다 강력한 중앙집권적인 정치체제를 만들고 많은 인구가 수긍하는 통치이념과 법이 필요로 하고 세금의 징수와 부의 배분을 효율적하기 위한 통일된 도량형이 필요하다. 중국의 최초의 통일제국인 진나라나 서양의 로마제국은 철기라는 도구에 의하여 탄생한 것이다. 이러한 변화가 궁극적으로 인간에게 보다 많은 행복을 가져왔는 지의 문제는 차치하고라도 인간의 생각에 큰 변화를 초래한 것은 사실이다.

인류가 철을 사용하기 위해서는 철의 분자구조나 열역학적인 지식이 필수적인 것은 아니었다. 오늘날 포항제철소에서 만들어지는 코크스와 철광석의 환원과정에서 만들어지는 쇠와 철기시대에 가마 안에서 만들어지는 쇠는 본질적으로 만들어지는 현상이 다르지 않다. 다만 오늘날의 제철소는 소량의 철을 생산하지 않는다. 먼저 필요한 양도 많지만 경제성 문제도 있어 연간 수백만 톤 이상의 철을 생산하지 않으면 가격 경쟁에서 살아남지 못한다.

철이라는 도구가 역사적으로 통일제국을 탄생시키는 역할을 했지만 오늘날 철의 의미는 옛날과 다르다. 철은 더 이상 세상을 변화시키는 도구의 역할을 기대할 수 없고 세상을 유지하기 위한 도구이다. 세상을 변화시키는 원동력은 철을 생산하는 방식이었다. 많은 철을 녹이기 위해서는 많은 에너지를 필요로 한다. 많은 에너지를 얻기 위해서는 나무나 풀과 같은 생체에너지(biomass)를 이용하는 데는 한계가 있다. 먼저 생산되는 곳이 인구밀집지역에서 멀리 떨어져 있어 수송하는데 어려움

불의 사용

석기시대

철기시대

산업혁명

진공관 컴퓨터

개인용 통신도구

그림 6.1

있고 단위 부피당의 열량이 작아 효율적인 연료로서의 한계를 지니고 있다. 석탄을 발견하고 사용한지는 600년 가까이 되지만 석탄을 채굴하는 것은 무척 어려운 일이었다. 석탄은 바이오매스보다 효율적인 연료이지만 지하에서 철을 채굴하는 것은 어려운 일이었다. 이 문제를 해결하기 위하여 약 300년 전 증기기관을 도입하게 되었다. 즉 기관(engine)이 생산에 도입된 것이다. 엔진이란 에너지를 일로 변환하는 도구이다. 사람들은 수 천 년 전에도 주전자에서 물이 끓을 때 뚜껑이 들썩거리는 것을 보아왔지만 이 현상을 이용하여 방아를 찧거나 수레를 끌 도구로 만들지는 못했다. 왜 그랬을까? 기술이 부족해서일까? 아니면 수 천 년 전의 인류에게 지적 능력이 부족해서일까? 인류의 생각하는 능력은 오천년 전이나 지금이나 큰 차이가 있을까? 현대에는 많은 축적된 지식과 정보를 이용하여 많은 진보의 속도가 빠르지만 궁극적으로 생각하는 능력의 차이는 크지 않다. 아무런 선행 지식이나 정보가 없는 상태에서 철을 제련하고 철학을 탄생시키고 통치의 법을 만들어 내는 선인들의 능력이 결코 뒤졌다고 볼 수는 없다. 기관을 발명하기 위해서는 더 이상 자연의

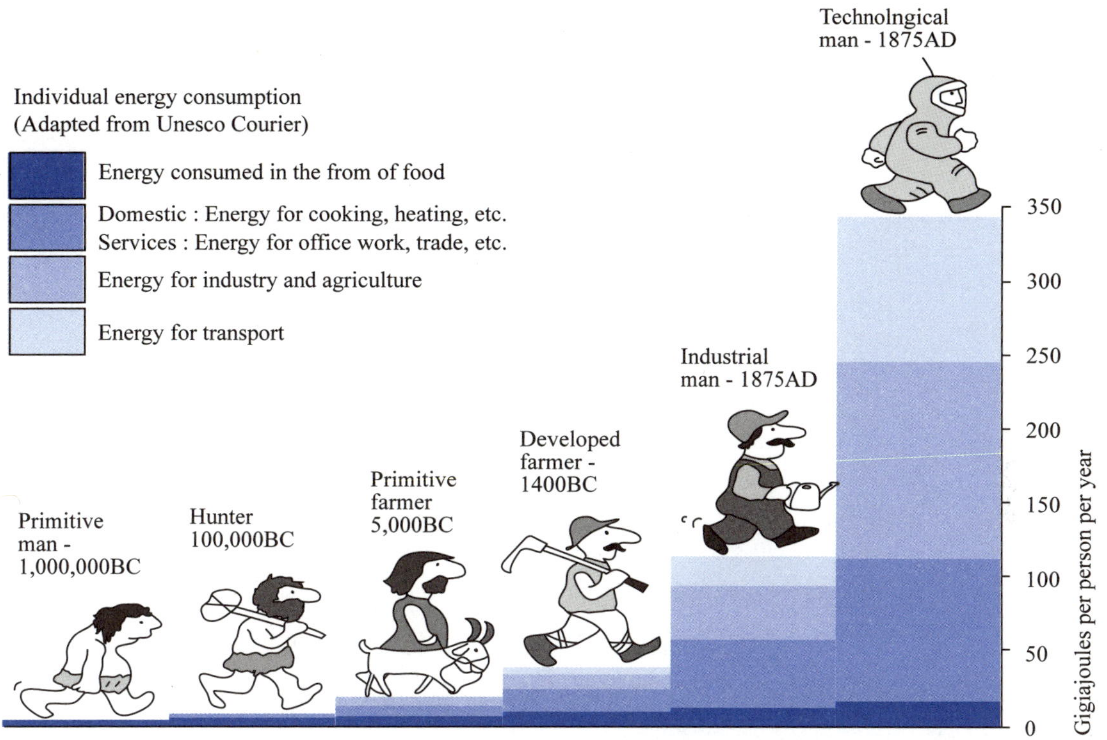

그림 6.2 인류의 발전과 에너지소비의 증가(C. Randy Giles, 2010)

현상자체를 응용하는 것으로는 불가능했기 때문이라 생각된다. 즉 에너지라는 개념, 열이 일로 바뀌어 질 수 있다는 실험적 사실에 기반을 둔 과학적 이론이 뒷받침되고 이를 도구로 만들기 위한 제반 재료 변형 기술이 합해질 때 비로소 기관이 만들어지는 것이다. 단순히 끓는 물에 의한 주전자 뚜껑의 들썩거림을 관찰하는 것으로 증기기관을 만들어 내기는 불가능했던 것이다. 만일 어찌어찌해서 증기기관 비슷한 도구가 만들어졌다고 해도 그 이후에 자동차 엔진이나 터빈과 같은 에너지 변환 기구가 탄생을 기대하기는 불가능했을 것이다.

오늘날의 새로운 도구의 발명은 보다 복잡한 현상과 과정을 요구한다.

6.2 | 더워지는 지구와 인류의 새로운 도전

기후변화가 도래하고 있다. 이제는 다가올 미래의 문제가 아닌 이미 다가온 이 시대의 가장 중요한 세계적 이슈로 등장하였다. 2009년 12월 192개국을 대표하는 각국 정상들은 인류가 직면한 가장 큰 난제, 즉 산업화가 유발한 기후변화에 대한 해결책을 논의하기 위해 코펜하겐에 모여 21세기에 지구평균온도를 3℃ 이내로 유지하자는 큰 틀의 합의만 도출했을 뿐 구체적 시행계획은 제시된 것이 없다. 2014년 유엔의 기후변화에 관한 정부 간 패널(IPCC)이 발표한 5차 보고서에는 문제의 심각성과 확실성에 대한 냉혹한 진단이 실렸다. 100여 국가의 2,500명이 넘는 과학자가 현상을 분석해서 내린 결론이었다. 이는 20년에 걸쳐 발표한 일련의 보고서 중 다섯 번째로, 역사상 가장 대규모의 과학 연구라고 평가된다.

유엔의 기후 보고서는 지구의 화학적 성질이 변한다는 사실, 생태계가 급변한다는 사실을 실로 긴급히 인식해야 한다고 촉구한다. 과학자들은 21세기가 끝나갈 무렵이면 지구의 평균기온이 적어도 섭씨 3도 이상 상승할 것이라고 경고한다. 과학자들은 섭씨 1.5도에서 3.5도 사이의 경미한 온도변화라도 100년 이내에 동식물이 대멸종할 수 있다고 말한다. 시뮬레이션 모델을 살펴보면 멸종 비율이 20~70%까지 나온다.

기후가 변하면 모든 것이 변한다. 생물을 유지하게 하는 생태계가 변하고 예측할 수 없는 새로운 질병이 나타나고, 물이 부족하고, 사막이 늘어나고 자연재해도 심상치 않다. 기후변화를 그대로 방치하면 인류의 미래는 담보할 수 없다. 우리는 답을 알고 있지만 여러 가지 이유를 대며 실천에는 소극적이다. 각국의 이해관계, 기업의 이해관계가 복잡하게 엮여 있지만 먼저 실천 가능한 것이라도 실천해 나가야 한다. 먼저 가장 시급하고 중요한 것은 온실가스를 줄이는 것이다. 화석연료로부터 탈피하여 무한한 신재생에너지를 개발하고 사용을 확대해야 한다. 이제 기술이 에너지인 시대이다.

2007년 과학 전문잡지 〈사이언티픽 아메리칸〉에 발표한 연구에 따르면, 미국 남서부 지역 일사량 중 2.5%만 전기로 전환해도 2005년 미국 전체 전기 소비량과 맞

먹는 정도의 전력을 얻을 수 있다고 한다. 연구는 또한 해당 지역이 2050년 무렵이면 미국 전기 수요의 69%를, 전체 에너지의 수요의 35%를 감당할 수 있다고 결론지었다.

화석연료나 우라늄과는 달리, 재생 가능 에너지는 모든 곳에 존재한다. 재생 가능 에너지가 세계 모든 곳에서 다양한 양으로 분포해 있는데, 소수의 특정 지역에서만 이 에너지를 수집하려 애쓸 이유가 없다.

기후변화를 줄이는 방법에는 나무를 심는 것과 이를 활용하는 것이 현재로선 가장 지혜로운 방법이다. 땅을 자신의 노동력으로 경작하는 사람은 인류의 공동 자산을 줄이는 것이 아니라 늘리는 것이다. 식량은 인간의 삶을 지탱해 주는데, 울타리를 쳐서 경작한 땅 1에이커에서 생산한 식량은 똑같이 기름지지만 버려진 공유지 1에이커에서 나오는 생산물보다 열 배는 많기 때문이다. 따라서 10에이커의 땅에 울타리를 치고 경작하는 사람은 자연 상태의 땅 100에이커에서 취할 수 있는 것보다 훨씬 많은 풍요로움을 얻을 수 있고, 결국 인류에게 90에이커의 땅을 선물하는 것과 같다고 한다.

기후변화에는 온실가스를 줄이는 대응도 중요하고 이미 도래한 기후에 적응하는 것도 필요하며 생태계 변화에 취약한 부분을 찾아 대처라는 것도 요구된다. 인류의 미래를 위해서 이 시대를 사는 우리에게 또 다른 도구를 만들어낼 것을 요구하고 있다.

온실효과

지구온난화의 원인에 대한 가설 중 온실효과 이론은 온실효과에 의해 지구온난화가 발생했다는 것이 정설화되고 있다. 온실효과라 함은 지구 표면에서 나오는 복사에너지가 지구의 대기를 빠져나가기 전에 온실가스에 의해 차단되거나 흡수되어 그 에너지가 대기에 남아, 기온이 상승하는 현상이다. 예를 들어보자면 지구에는 온실가스와 구름이 존재하기 때문에 온실효과가 발생하지 않을 경우보다 지구 표면과 대류권(troposphere)이 약 33°C 정도로 따뜻하게 된다. 반대로 달에는 대기가 없기에 야간의 기온이 영하 150°C까지 떨어진다. 이렇듯 자연스러운 온실효과는 인

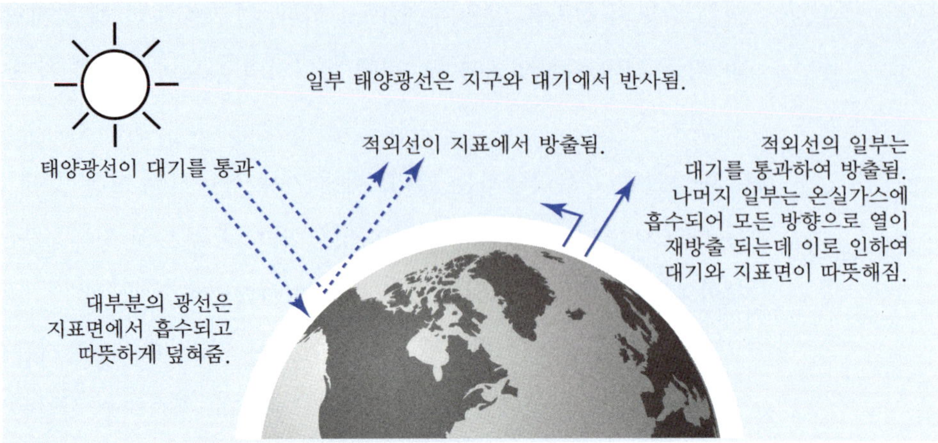

그림 6.3 온실효과

간이 지상에서 살아갈 수 있는 환경을 만들어주는 요인으로 해석될 수 있다. 하지만 온실효과가 지나치게 발휘될 경우 지구의 평균기온 상승을 유도하여 빙하가 녹고 이상 기온 현상이 일어나는 등의 부정적인 영향을 미치게 되며 현재 온실가스의 과도한 발생에 따라 실제로 그런 현상이 발생하고 있다는 것이 온실효과 이론이다.

1896년 스웨덴의 화학자 아레니누스(Svante Arrhenius)는 대기 중의 이산화탄소와 메탄 등 온실가스가 지구표면에서 반사되어 우주로 방출되는 태양의 복사에너지를 흡수함으로써 지구를 덥히는 온실효과(greenhouse effect)의 메커니즘을 최초로 설명하였다. 그에 의하면 자연적인 온실효과는 지구의 평균기온을 섭씨 15도가량 상승시켜 지구상에서 생명체가 살 수 있는 환경을 조성하였으나, 인류가 화석연료 연소를 통해 이산화탄소를 다량 배출하여 추가적으로 온도를 상승시키는 온실효과를 가져왔다는 것이다. 이러한 인위적인 온실효과를 '지구온난화(global warming)'라고 부른다.

Arrhenius 이후 지구온난화에 대한 연구가 계속되어 1972년에는 로마클럽이 처음 지구 온난화를 공식적으로 제기하였다. 로마클럽은 지구 온난화 원인이 주로 화석연료의 과다 사용에 따른 이산화탄소의 증가에 있다는 사실과 이러한 추세가 계속될 경우 인류의 지속적인 생존가능성을 심각하게 위협할 것이라는 보고서를 내어 놓아 지구촌에 충격을 주었다. 과학자들이 지구온난화의 원인으로 산업혁명 이

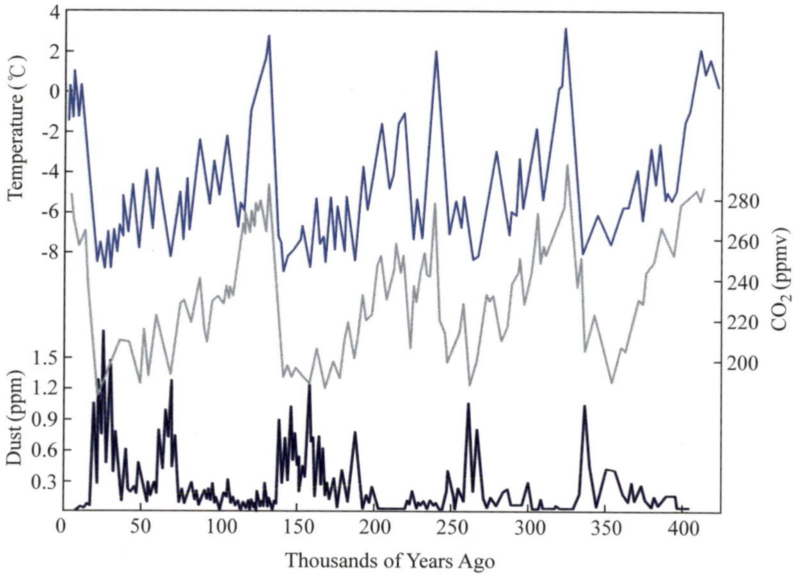

그림 6.4 지구의 대기의 이산화탄소농도, 분진농도 및 기온의 변화

후 급격하게 증가하기 시작한 이산화탄소 등 온실가스를 지목하게 됨에 따라 지구온난화 또는 기후변화에 대응하기 위한 국제적 노력이 1980년대 중반부터 본격화되기 시작하였다. 특히 1983년 유엔환경계획(UNEP)과 세계기상기구(WMO)가 공동으로 설립한 '기후변화에 관한 정부간 협의기구(IPCC: Inter-governmental Panel on Climate Change)'에 의해 체계적인 연구가 진행되고 있다.

지난 1백만 년 간의 가장 주목할 만한 기후의 변화의 과정은 빙하기와 간빙기의 순환이다(그림 참조). 대륙의 얼음 층을 포함하는 내부 반응과 130m의 해수면의 변화가 대부분의 지역에서 기후 변화가 관측되는 양상을 알 수 있도록 중요한 역할을 하였다. 근래의 연구에 따르면, 온실 기체로 인한 복사 강제(radiative forcing)가 기후변화의 주요 원인이 된다. 온실 기체는 지구의 기후변천의 역사를 이해하는 데 중요하다. 이들 연구에 따르면, 온실 기체가 열을 가두어 온도가 상승하는 온실 기체 효과는 지구의 온도를 조절하는 데에 결정적인 역할을 한다.

날씨(기상)와 기후의 차이는 무엇일까? 날씨(기상)는 우리가 매일 경험하는 하루 또는 일주일 단위의 기온, 바람, 비 등의 대기상태로, 매일 뉴스에서 접하는 "오늘은 비가 오고 바람이 분다", 또는 "내일은 맑고 더울 것이다" 등의 정보가 '날씨'이다.

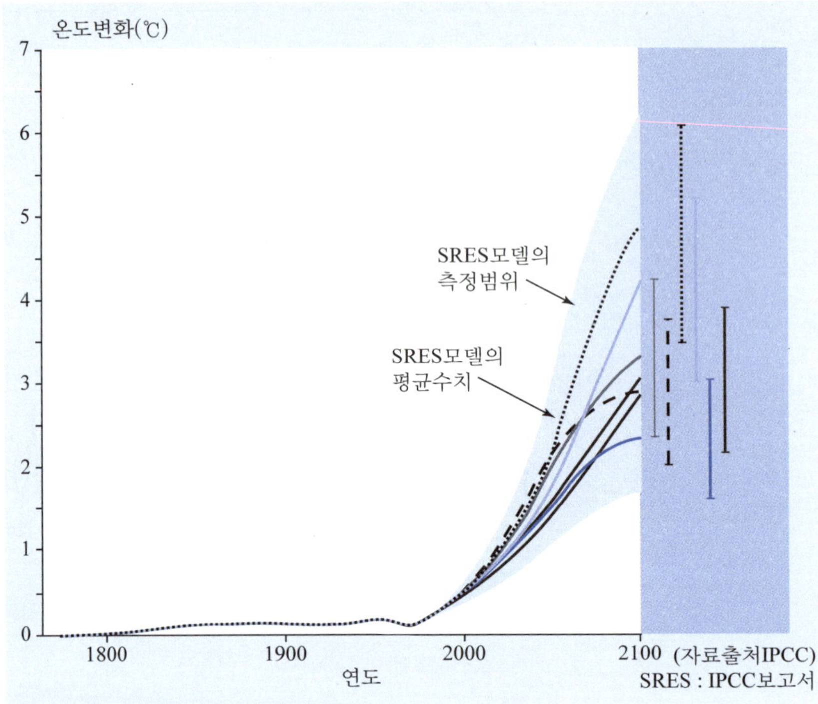

그림 6.5 IPCC의 지구온난화 예측

반면에 장기간 동안 특정 지역에서 측정되는 날씨들의 평균은 기후라고 한다. 예를 들어 동남아시아는 일 년 내내 덥고 습한 아열대기후이며 우리나라는 계절별로 차이가 나지만 평균적으로는 중위도에 속한 온대기후이다.

하지만 일정한 것처럼 보이는 기후도 지역과 시간에 따라 끊임없이 변화하여 왔다. 그 폭은 클 때도 있었고 적을 때도 있었지만 약 만 2천 년 전부터 지구의 기후는 지금과 비슷한 기후로 안정되었고 그때부터 인간이 지구에 정착하며 인간사회가 발전되었다. 이처럼 인간사회에 큰 영향을 끼치는 기후변화이지만 지금까지는 기후 변화의 스케일이 우리의 생애주기에 비해서 훨씬 길기 때문에 그다지 중요하게 여겨지지 못하였다. 그러나 최근 온도가 급격히 높아지면서 기후변화가 큰 주목을 받고 있다.

IPCC가 발표한 배출 시나리오를 연구한 특별 보고서로써, 1765년부터 2100년까지의 온도 변화를 나타내고 있다. 보고서는 5가지의 모델을 적용하였으며, 모델의 평균 수치는 빨간 점선과 같다. SERS의 평균 수치에 따르면 2100년까지 약 5°C 가 상승할 것으로 예측하고 있다.

기후변화의 가장 분명하고도 눈에 띄는 예는 온도 상승이다. 지구의 온도는 지구를 감싸고 있는 대기에 의해 유지된다. 대기는 온실효과를 통해 지구의 온도를 유지시킨다. 하지만 산업화가 진행되면서 인간이 인위적으로 배출하는 온실가스가 늘어나 대기층이 두꺼워지면서 태양열이 옛날보다 우주로 빠져나가는 양이 적어져서 온도가 상승하는 지구온난화가 진행되기 시작했다.

지구온난화의 원인

자연적 요인에는 대기, 해양, 육지, 설빙, 생물권 자신의 내적 요인 외에 화산 분화에 의한 성층권의 에어로졸(부유 미립자) 증가, 태양 활동의 변화, 태양과 지구의 천문학적 상대위치 관계 등의 외적 요인이 있다.

인위적 요인에는 화석연료 과다 사용에 따른 이산화탄소 등 대기 조성의 변화(온실효과에 의한 지구 온난화), 인위적인 에어로졸에 의한 태양 복사의 반사와 구름의 광학적 성질의 변화(산란 효과에 의한 지구 냉각화), 과잉 토지 이용이나 장작과 숯 채취 등에 의한 토지 피복의 변화 등이 있다. 또 국지적으로는 인공열 등에 의한 도시 기후의 변화 등도 문제가 된다. 최근 들어 기후변화의 개념은 과학논문과 국제 토론회에서 여러 가지 다른 의미로 받아들여지고 있다. 기후변화를 그 원인이 어디에 있든 전형적인 기후의 정의를 나타내는 3년 평균기후의 변화로서 단순하게 표현하려는 견해도 있다. 일반적으로 '기후변화'는 인간의 활동에 의한 온실효과와 화산폭발로 인한 성층권 에어로졸의 증가 등의 자연적인 원인에 의한 효과를 포함하는 전체 자연의 평균 기후변동을 나타낸다. 그런데, 이러한 정의를 복잡하게 만드는 것 중의 하나는 제한된 공간 스케일에서 인간의 활동에 의한 기후의 변화이다. 즉, 고도로 도시화된 지역은 그렇지 않은 지역과 비교하여 기온이 높은 열섬현상이 그 좋은 예이다. 이와는 달리 기후변화기본협약의 목적을 위한 기후변화의 정의는 다음과 같다. '직접적 또는 간접적으로 전체 대기의 성분을 바꾸는 인간 활동에 의한, 그리고 비교할 수 있는 시간동안 관찰된 자연적 기후 변동을 포함한 기후의 변화'이다. 더구나 기후변화 완화 조치의 목적을 위하여 기후변화기본협약은 국제적인 법적 도구에 의하여 오존-감소 물질이 지켜진다는 것에 근거하여 몬트리올 의정서와 그 개정서에 규제(CFCs와 HCFCs 같은 오존-감소 물질)를 받지 않는 온실기체들만을 고려하고 있는데 아마도 후자는 별개의 국제적인 법적 도구에 의해 제한받는다. 그러므로 이런 정의는 온실기체 농도를 증가시키는 인간의 활동으로 인하여 발생된 기후변화와 자연적으로 발생할 수 있는 기후변화 사이의 개념 차이를 알려준다. 그런데, 이점은 과학적으로 매우 중요하다. 왜냐하면, 이러한 기후상태 중에서 적어도 하나는 모델화되어야 하기 때문에 이러한 점은 기후변화의 탐지와 예측에 과학적으로 중요하다. 기후변화는 기후시스템에 의해 대기, 물, 빙하, 토지, 생물들이 상호작용하거나 그 요소들이 변하여 발생한다. 기후시스템 변화 요인으로는 성층권의 에어로졸 증가, 태양활동의 변화, 태양과 지구의 천문학적인 상대위치변화 등이 있다. 그러나 우리가 주의 깊게 봐야 할 것은 인위적으로 발생한 원인들이다. 특히 산업혁명 초기인 18세기 중엽부터 사용량이 증가한 화석연료는 기후 변화를 유발시키는 원인 중에서 가장 큰 비중을 차지한다. 인류는 나무를 연료로 사용하여 왔지만, 산업혁명과 대량소비, 대량생산의 과정을 거치면서 주 연료는 석탄으로 바뀌었고 70년대 이후 다시 석유와 천연가스로 대체되어 왔다. 주 에너지원이 화석연료로 바뀌며 이 연료들이 발생하는 이산화탄소의 양 역시 크게 늘었다. 그림 6.6은 온도와 기후변화의 차이를 나타내는 그래프로써 지난 40만 년의 지구의 역사를 보면 CO_2량이 증가하면 온도 역시 오르는 것으로 나타나 있다. 지구온난화는 이산화탄소(CO_2)와 같은 온실가스 농도 증가로 인해 대기의 기온이 증가하는 과도한 온실효과(Greenhouse effect) 때문에 발생하는데 이산화탄소가 온난화의 주범임을 1985년 세계기상기구(WMO)와 국제연합환경계획(UNEP)에서 공식 선언하였다. 온실가스는 인구증가와 산업화 등의 인위적 활동 때문에 배출량이 과거에 비해 급증하였고, 이 중 6대 온실가스로 이산화탄소(CO_2), 메탄(CH_4), 아산화질소(N_2O), 과불화탄소(PFCs), 수불화탄소(HFCs), 육불화황(SF_6) 등이 주요한 기후변화 기여 가스로 알려져 UNFCCC(기후변화협약)에 따른 제3차 당사국총회(COP)에서 지정되어 관리되고 있으며, IPCC가 제시한 지구온난화 지수(GWP)를 통해 이 온실가스들이 지구온난화에 기여하는 정도를 알 수 있다. 이산화탄소를

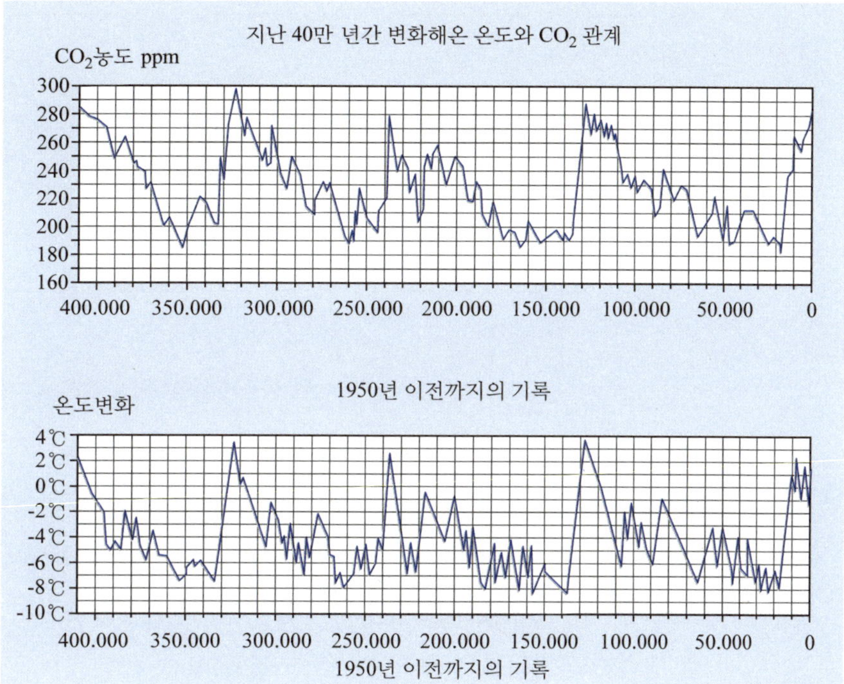

그림 6.6 지구기후변화와 이산화탄소와의 관계

1로 보았을 때, 메탄은 23, 이산화질소는 396, 프레온가스는 1,300~22,200 정도이다. 화석연료(석탄, 석유 등)의 과도한 사용으로 온실가스 배출량이 증가한 반면, 산림훼손 등 토지이용의 변화로 온실가스 흡수원은 축소되었다. CO_2 농도 상승의 주된 원인은 토지이용의 변화보다 화석연료 때문(1990년대 연간 CO_2 배출량 : 화석연료 6.4GtC, 토지이용 1.6GtC)으로 보고 있다.

전세계의 온실가스 농도

이산화탄소(CO_2)의 전 지구적 평균농도는 산업혁명 이전(1750년) 280ppm에서 379ppm(2005년)으로 증가하였으며 지난 10년간 매년 1.9ppm씩 큰 폭으로 증가하고 있다. 2005년 평균농도는 미국(마우나로아) 380ppm, 중국(왈리구완) 380.4ppm, 일본(료리) 382.5ppm 이며 메탄(CH4)과 아산화질소(N_2O)의 전 지구적 평균농도('05년)는 각각 1,774ppb, 319ppb이다. 연평균 증가량('94~'04년)은 각각 3.7ppb/yr, 0.8ppb/yr이다. 2013년 전 지구 이산화탄소 지구 평균치 393.1ppm

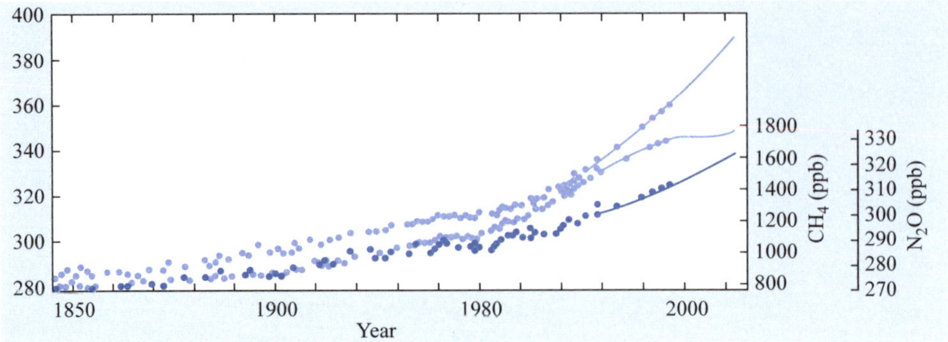

그림 6.7 전 지구적 이산화탄소 배출량

로 증가하였고 2014년 4월 북반구의 이산화탄소 평균농도가 400ppm을 넘어섰으며, 2014~2015년에 전 지구가 평균농도 400ppm을 넘어설 것으로 보인다. 이 자료는 전 세계에 있는 124개소의 세계기상기구 지구대기감시 지구급 관측소와 지역급 관측소의 자료를 이용하여 산출한 결과이다[11].

특히 IPCC 5차 평가보고서(2013년)에서는 온실가스의 감축 없이 현재와 같은 추세로 온실가스를 배출하는 경우(이산화탄소(CO_2) 농도가 2100년 936ppm에 도달할 경우), 21세기 말(2081~2100년) 지구의 평균기온은 1986~2005년에 비해 3.7℃ 오르고 해수면은 63cm 상승할 것으로 전망됐다. 그러나 감축이 상당히 실현되는 경우(CO_2 농도가 2100년 538ppm에 도달할 경우), 평균기온은 1.8℃, 해수면은 47cm 정도로 상승폭을 완화시킬 수 있을 것으로 내다봤다.

그림 6.8은 1970~2010년 연간 총 인위적 온실가스 배출량 (연간 CO_2 환산 기가톤, $GtCO_2$-eq/yr)이다. 화석 연료 연소와 산업 공정에 의한 이산화탄소 산림 및 기타 토지사용(FOLU)에 의한 이산화탄소(CO_2) 메탄(CH_4); 아산화질소(N_2O); 플루오르화 가스는 교토의정서(불소화가스)에서 다루었다. 오른쪽 막대그래프는 SAR과 AR5의 값을 기반으로 한 CO_2 환산 배출량 가중치를 사용하여, 2010년

11 ※지구급 관측소 : 사방 30~50km 반경에 최소 50년 이내에 토지경작 및 용도에 급격한 변화가 없어야 하며, 오염원이 존재하지 않은 섬이나 산맥에 설치된 감시소
※ 지역급 관측소 : 인구가 밀집한 대도시나 산업단지 등 국지적 오염원으로부터 가능한 한 멀리 떨어진 지역에 설치된 감시소
※ ppm(피피엠) : parts per million(10^{-6}) = 10^{-4}%

의 배출량을 보여준다. 별도로 언급하지 않는 한, SAR의 100년 지구온난화 지수[12](GWP100) 값을 기준으로 계산된 교토 가스(CO_2, CH_4, N_2O, 불소화 가스)등의 CO_2 환산 배출량이 오른쪽에 나타난다. AR5의 최근 100년 지구 온난화 지수 값(오른쪽 막대)을 사용하면 증가된 메탄의 기여 때문에 더 높은 총 연간 온실가스 배출량(52GtCO_2−eq/yr)이 나타나지만, 장기적인 추세에 크게 영향을 미치지는 않는다.

기후변화 완화 정책이 점차 마련 및 추진되고 있음에도 불구하고, 총 인위적 온실가스 배출량은 2000~2010년에 절대적으로 크게 증가하였고 1970~2010년에도 계속해서 증가하였다. 2010년 인위적 온실가스 배출량은 49(±4.5) GtCO_2−eq/yr에 달했다. 화석 연료의 연소와 산업 공정에서 발생하는 이산화탄소의 배출량은 2000~2010년 증가폭과 비슷한 비율로 1970~2010년 전체 온실가스 배출량 증가의 약 78%를 차지했다(높은 신뢰도). 전 세계 경제 성장과 인구 증가는 화석연료의 연소에 의한 이산화탄소 배출의 증가를 가장 주도적으로 이끈 원인이다. 이산화탄소 배출에 대한 경제 성장의 기여도는 2000~2010년에 급격히 증가한 반면, 동 기간 인구 성장의 기여도는 이전의 30년과 거의 비슷한 수준이다. 전 세계 에너지 공급 패턴은 점진적으로 탈탄소화 추세를 띄고 있지만, 석탄 사용이 증가함에 따라 이러한 추세가 반전되고 있다.

제4차 평가보고서(2010) 이후, 인간이 기후 시스템에 영향을 미친다는 증거는 증가하고 있다. 인위적 온실가스 농도의 증가와 기타 인위적 강제력은 1951~2010년에 관측된 전 지구 평균 표면 온도 상승의 절반 이상을 유발했을 가능성이 대단히 높다. 온난화에 대한 인위적 기여의 최적 추정치는 이 기간 동안 관측된 온난화와 거의 비슷하다. 인위적 강제력은 남극 대륙을 제외한 모든 대륙 지역에서 20세기 중반 이후 표면 온도가 상승하는데 상당한 기여를 했을 가능성이 높다. 인위적 영향은 1960년 이후 전 지구 물 순환에 영향을 미치고, 1960년대 이후의 빙하 후퇴와 1993년 이후 그린란드 빙상 표면 녹음의 증가에 기여했을 가능성이 높다. 인위

12 GWP(Global Warming Potential ; 지구온난화 지수

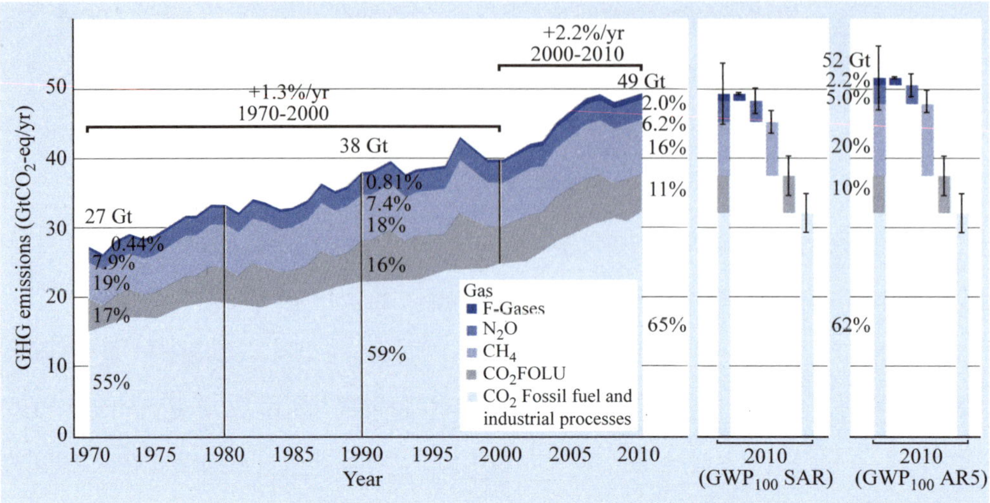

그림 6.8 1970~2020년 인위적 온실가스 배출량

적 영향은 1979년 이후 북극 해양빙의 감소에 기여하고, 전 지구 상층 해양 열용량(0~700m) 증가와 1970년대 이후 관측된 전 지구 평균 해수면 상승에 상당한 기여를 했을 가능성이 매우 높다.

6.3 | 인류의 새로운 에너지 도구—신재생에너지

에너지는 국가 산업과 국민생활의 기본적 요소이므로 없어서는 안 될 기본 소비재인데 문제는 화석연료에 의존해서는 기후변화에 대응할 수 없다는 것이다. 결국 에너지 생산을 화석연료에서 탄소배출이 적은 신재생에너지로 전환하는 것이 미래 에너지 확보의 가장 중요한 과제이다.

신재생에너지는 『신에너지 및 재생에너지 이용, 개발, 보급 촉진법 제2조』에 의해 기존의 화석연료를 변환시켜 이용하거나 햇빛, 물, 지열, 강수, 생물 유기체 등을 포함하는 재생가능한 에너지를 변환시켜 이용하는 에너지로 11개 분야로 지정되어 있다. 재생에너지로는 태양열, 태양광발전, 바이오매스, 풍력, 소수력, 지열, 해양에너지, 폐기물에너지인 8개 분야로 나뉘고 신에너지는 연료전지, 석탄액화가스, 수소에너지인 3개 분야로 나뉜다.

태양광 에너지

태양전지는 태양 에너지를 전기 에너지로 변환할 수 있는 장치를 말한다. 태양전지는 빛을 전도성의 금속에 비추면 전자가 방출되는 광전효과(光電效果: photoelectric effect)를 발견하여, 1921년에 노벨물리학상을 수상한 아인슈타인(Albert Einstein) 의 원리에 따라, 광전효과를 나타내는 반도체 재료로 만들지만, 현재는 반도체 이외의 다양한 물질에 도전하고 있고, 또한 전자를 흐르게 하는 전해질(電解質, electrolyte)을 이용하는 방식도 개발되고 있다. 현재 20% 이상의 고효율(태양광의 에너지를 전기 에너지로 바꾸어 주는 전환율) 덕분에 전체 시장의 95%를 석권하고 있는 실리콘(Si) 태양전지는 실리콘을 이용한 P형 반도체와 N형 반도체라고 하는 2종류의 반도체를 이용한다. 여기에 빛이 투사되면 마이너스(–, N) 전하를 띤 전자와 플러스(+, P) 전하를 띤 정공(正孔)이 광전효과에 의해 각각 발생하고, PN 접합(junctions)의 전위 또는 전하의 농도 차에 의해(이를 전계(電界)하고 함) 전자는 음극으로, 정공은 양극으로 이동하며, 여기에 전구 등의 부하를 연결하면 전류가 흐르게 된다. 이 때 음극과 양극에 모인 전자와 정공을 이용해 전기를 만드는 소자가 바로 태양전지인 것이다.

이 원리에 대한 설명으로 먼저 기억해야 할 것은 전기의 흐름, 즉 전류는 결국 전자의 흐름이라는 사실이다. 따라서 전기에너지를 생산하는 것은 전자의 흐름을 유도 시킨다는 의미가 된다. 태양전지에 빛을 쪼였을 때 전기가 발생하는 반응은 두 가지의 현상이 연속적으로 일어나는 것으로 설명될 수 있다. 첫째는 전자(자유전자)가 발생되는 현상이다. 둘째는 이렇게 생겨난 자유전자를 외부 회로로 내보내어 전기를 유도하는 과정이다. 일반적으로 금속 고체 내부에는 전자가 많이 존재한다. 전자는 원자핵을 둘러싸고 있는 궤도 층(shell)에 결합되어 있는 묶인 전자 또는 속박전자(bound electron)와 금속 고체 내부를 자유롭게 돌아다닐 수 있는 자유전자(free electron)로 구분된다. 이 중에서 자유전자가 전기의 흐름을 담당하게 된다.

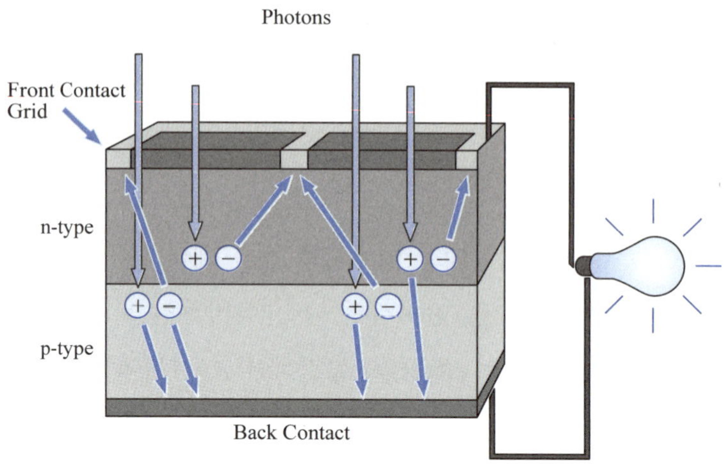

그림 6.9 태양광에 의하여 전기가 생산되는 원리

반도체는 대체로 전기를 잘 통하지 않는 물질이다. 즉 자유전자를 많이 갖고 있지 않다는 뜻이다. 그러나 반도체에 빛을 비추면 가장 밖에(outer) 위치한 궤도 층(Valence shell)을 돌고 있던 속박전자가 빛 에너지를 받아서 층을 이탈하여 밖으로 나와 자유전자 상태가 된다. 예를 들어 원자번호 14번인 실리콘(Silicon)은 원자핵을 둘러싸고 총 3개의 층에 각각 s, p, d 전자궤도에 2-8-4개의 전자들이 돌고 있는데, 여기에 빛을 비추면 가장 밖의 층에 돌고 있던 4개의 전자가 자유전자가 되는 것이다.

자유전자가 외부회로에 도달하게 하기 위해서 필요한 것이 바로 반도체 n-p 접합이다. 이것은 말 그대로 n-형 반도체 와 p-형 반도체를 붙여서 만든다. 이렇게 되면 접합 부분에 전기장이 생긴다. 이것은 다른 말로 하면 접합 부분에 +극과 -극을 띤 부분이 생긴다는 뜻이다. 이러한 극성 때문에 자유전자(-)는 n-형 쪽으로, 정공(+)은 p-형 쪽으로 끌리게 된다. 이를 좀 더 구체적으로 설명하면, 실리콘 태양전지는 전기적 성질이 다른 N(negative)형의 반도체와 P(positive)형의 반도체를 접합시킨 구조이다. 대표적인 결정질 실리콘 태양전지는 실리콘에 보론(boron: 붕소)을 첨가한 P형 실리콘반도체를 기본으로 하여, 그 표면에 인(phosphorous)을 확산시켜 N형 실리콘 반도체 층을 형성함으로서 만들어진다. 이 두 개의 반도체를 접합시킨 경계부분을 PN 접합(PN-junction)이라 하고, 이 PN접합에 의해 전계(電界)가 발생하게 된다. 이러한 태양전지에 태양빛이 닿으면 태양빛은 태양전지 속으로 흡수되며, 흡수된 태양빛이 가지고 있는 에너지에 의해 반도체 내에서 정공(正孔:hole)(+)과 전자(電子:electron)(−)의 전기를 갖는 입자(정공과 전자)가 발생하여, 각각 자유롭게 태양전지 속을 움직이게 되지만, 전자(−)는 N형 반도체 쪽으로, 정공(+)은 P형 반도체 쪽으로 모이게 되어 전위가 발생하게 되며, 이 때문에 앞면과 뒷면에 붙여 만든 전극에 전구나 모터와 같은 부하(외부 회로)를 연결하게 되면 전류가 흐르게 되는데, 이것이 태양전지의 PN 접합에 의한 태양광 발전의 원리이다. 물론 빛이 흡수되는 앞면의 N형 반도체에는 빛이 반사되지 않고 흡수되도록 반사방지막을 입히게 된다.

태양에너지를 직접 전기에너지로 변환시키는 태양전지/발전시스템 기술로서 태양의 복사에너지를 흡수하여 열에너지로 변환하여 이용하는 태양열발전과 달리 태양광발전은 반도체 혹은 염료, 고분자 등의 물질로 이루어진 태양전지를 이용하여 태양빛을 받아 바로 전기를 생성하는 기술이다. 태양광발전(PV, Photovoltaic)은 무한정, 무공해의 태양에너지를 직접 전기에너지로 변환하는 발전방식으로 태양전지(모듈), PCS, 축전장치 등의 요소로 구성된다. 가장 일반적인 실리콘 태양전지의 기본 구조 및 발전원리를 그림 6.9에 나타내었다. 태양전지는 p형 반도체와 n형 반도체를 접합시키고 (p−n 접합) 양단에 금속전극을 코팅하여 제작한다. 태양빛이 입사되면 반도체 내부에서 흡수된 전자와 정공이 발생하여 p−n접합부 전기장에 끌려 전자는 n측으로 정공은 p측으로 새로운 흐름이 생기면 접합부 양단의 전위차가 작아진다. 즉 반도체가 태양빛을 흡수하면 전기가 발생되는 원리인 광기전력효과(Photovoltaic Effect)를 이용한 것으로 반도체 접합부에 태양빛이 입사되면 접합부에서 전자가 발생하여 외부회로에 전류가 흐르게 된다.

에너지 변환 효율을 높이기 위해서는 (i) 가급적 많은 태양빛이 반도체 내부에 흡수되도록 하고, (ii) 태양빛에 의해 생성된 전자가 쉽게 소멸되지 않고 외부 회로까지 전달되도록 하며 (iii) p−n 접합부에 큰 전기장이 생기도록 소재 및 공정을 디자인해야 한다. 태양전지는 주로 실리콘 소재로 제작되며 현재 상용화된 제품의 효율은 15% 정도이다. 즉 태양빛의 일사강도가 1 kW/m^{2}이라면 태양전지는 0.15 kW/

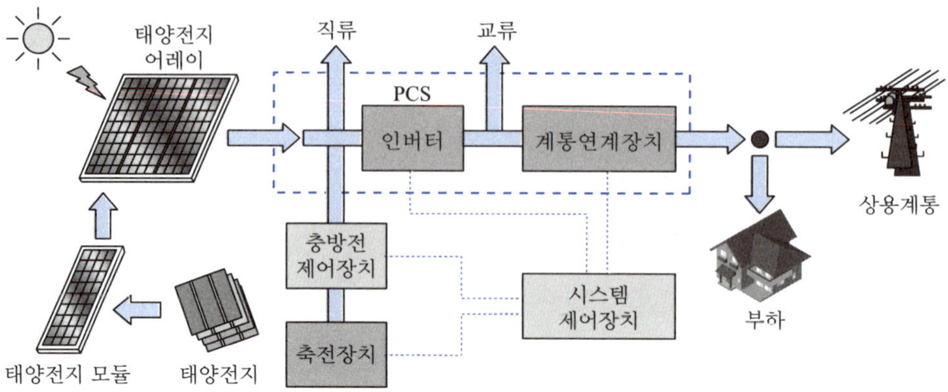

그림 6.10 태양에너지를 이용한 발전 시스템 구성도

m^2의 전력을 얻을 수 있다는 의미이다.

P-N 접합면을 가지는 반도체 접합 영역에 금지대폭보다 큰 에너지의 빛이 조사되면 전자와 정공이 발생하여 접합영역에 형성된 내부전장이 전자는 N형 반도체로, 정공은 P형 반도체로 이동시켜 기전력이 발생한다. N형 반도체, P형 반도체 각각 부착된 전극이 부극과 정극이 되어 직류전류를 취하는 것이 가능해진다. 태양전지 반도체의 재료로서는 실리콘뿐만이 아니라 갈륨비소, 카드뮴텔루르, 황화카드뮴, 인듐인 또는 이 재료들 사이의 복합체를 사용하고 있으나, 일반적으로 실리콘을 쓴다. 2015년 현재 태양광전지로 만드는 전기 비용은 우리가 지금 집에서 사용하고 있는 전기값 보다 5배정도 비싸지만, 2020년 이후면 경쟁력 확보가 가능할 것으로 예상하고 있다.

바람에너지의 이용 – 풍력발전

신재생 에너지 가운데 전력공급원으로서 가장 기술적 성숙도가 높으며 현실적인 경제성을 가지고 있는 에너지원 가운데 하나가 바로 풍력 발전이다. 전력 공급원으로써의 풍력 에너지의 이용은 1세기 이상 전인 1891년 덴마크에서 시작되었으며, 세계기후변화협약과 같은 국제 환경의 변화와 유가상승 그리고 풍력이 가지는 경제성 및 기술의 성숙도로 인해 에너지 산업에서 세계적으로 가장 빠르게 성장하는 분야이며, 최근 10년간 설치용량이 10배 이상 증가하여 이미 전 세계적으로 약

32,154MW(2002년 말 누계기준)의 풍력발전 시스템이 설치, 운전되고 있다. 또한 풍력발전 시스템의 발전단가는 대형화 및 단지화와 함께 지속적으로 낮아지고 있어 1980년대에는 50센트/kWh 내외, 1990년대 10센트/kWh 내외에서 2002년에는 3.5센트/kWh 내외로 빠른 속도로 낮아지고 있다. 다른 신재생 에너지와 비교하여 가장 낮은 발전 단가를 가지며 최근에는 기존의 발전 전원과의 경쟁을 하여도 무방할 정도의 경쟁력을 확보할 가능성을 보여주고 있다. 풍력에너지원의 근원은 태양복사 에너지이며, 이것은 일차적으로 육지와 바다에 흡수되고, 다시 대기를 가열시키게 된다. 물질들은 복사 에너지의 흡수에 차이가 있으며, 따라서 온도구배가 발생되고 이것이 대류와 압력변화를 야기시키며, 이 결과 바람이 일어난다. 지구에 입사되는 태양에너지의 양은 1.37 kW/m^2 인데 입사되는 태양에너지의 1~2%가 바람에너지로 전환된다. 따라서 바람에는 엄청난 양의 동력이 존재한다. 지구의 반경은 대략 6,000km이며 태양 복사를 받는 지구 단면 면적은 약 $10^{14}m^2$이고 따라서 바람의 동력은 약 10^{15}W 이다. 이것은 지구 전체 전력 사용량의 약 100배에 해당하는 것이다. 하지만 바람은 분산된 자원이며 이 양의 극히 적은 부분을 이용하는 것이 실제적이다. 우리는 경험적으로 어느 곳에서는 풍속이 시간에 따라 심하게 변한다는 사실을 알고 있다. 이러한 변화는 바람의 에너지 크기와 터빈이 받는 부하에 영향을 미친다. 특히 풍속 변동은 날씨 변화에 의해 수일에 걸쳐 또는 돌풍이 부는 몇 분 동안에 일어난다. 정상 풍속이란 10분 동안의 평균 풍속으로 정의된다.

풍력발전의 원리

바람의 에너지는 기압차에 의한 공기의 운동에너지의 형태이다. 바람의 풍속 u와 공기밀도 p에 대해 에너지 밀도 E(즉, 단위부피당 에너지)는 다음과 같다.

$$E = \frac{1}{2}pu^2. \tag{6.1}$$

바람의 방향에 수직인 단면적 A를 통과하는 공기의 단위 시간 당 체적은 uA이다. 따라서 이 면적을 통과하는 단위시간당 공기 체적에 대한 운동에너지는 $p-EuA$이다. 또는 다음 식과 같이 나타낸다.

$$p = \frac{1}{2} A p u^3. \tag{6.2}$$

즉 바람의 동력 p는 풍속 u의 3승에 비례한다. 따라서 속도가 클수록 더 많은 동력을 얻을 수 있으며 풍속 변동(fluctuation)은 풍력 터빈의 출력에 심각한 변화를 초래한다.

바람의 동력 모두를 풍력 터빈으로 변환할 수 있는 것은 아니다. 그것은 왜 운동에너지의 일부가 공기의 흐름을 유지하기 위해 터빈의 후단으로 이동되기 때문이다. 이러한 효과가 바람으로부터 동력을 추출하는데 이론적 최고 효율을 50%로 한정하고 있다.

바람이 터빈을 통과하면 바람에너지의 일부가 터빈에 전달되고 따라서 바람의 속도가 느려지게 된다. 상류에서 바람의 속도는 u_0이고 단면적 A_0를 통과한다. 바람이 터빈에 도달할 때 속도는 u_1으로 감소되고 유관의 면적은 터빈 날개가 쓸고 지나가는 면적 A_1으로 증가된다. 터빈의 후류에서는 바람이 통과하는 단면적이 A_2가 되고 그 속도는 u_2가 된다. 터빈 전후에서 바람 속도의 감소는 Bernoulli 이론에 따라 터빈 전 후단에 걸쳐 압력 상승을 초래하고 따라서 이것이 터빈 날개에 추력을 발생시킨다.

최대 동력은 터빈 후류에서 바람의 속도가 상류의 속도 u_0의 1/3 이고 터빈에서 바람의 속도가 u_0의 2/3 일 때 발생한다. 즉 $u_2 = \frac{1}{3}u_0$ 이고 $u_1 = \frac{2}{3}u_0$ 이다. 이러한 조건하에서 얻어진 동력 p는 다음과 같다.

$$P = \frac{1}{2} p A_1 (16/27) u_0^3 \tag{6.3}$$

속도 u_0를 가지고 면적 A_1을 통과하는 바람의 에너지 P_w는 식 (3.10)로 나타낼 수 있다.

$$P_w = \frac{1}{2} p A_1 u_0^3 \tag{6.4}$$

따라서 동력계수, 즉 터빈에 의해 추출된 동력의 분율 Cp는 다음과 같이 나타낼 수 있다.

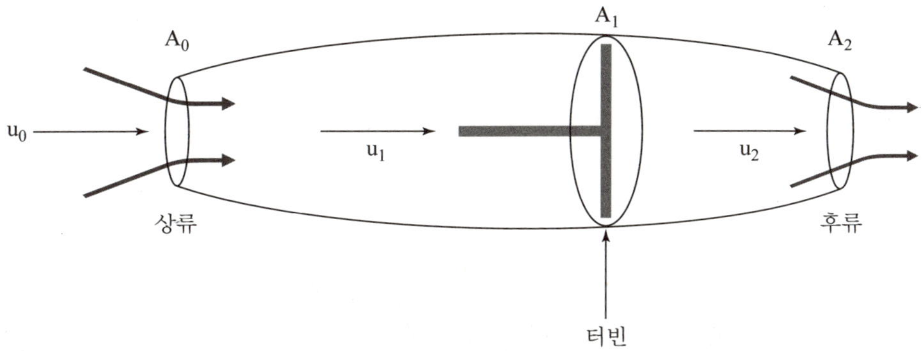

6.11 바람의 유체역학

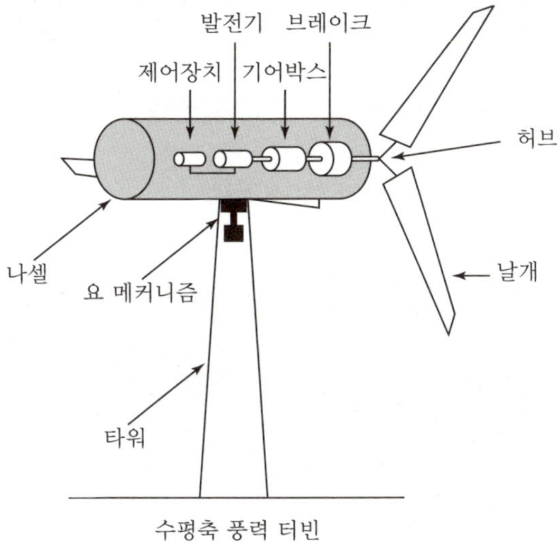

그림 6.12 수평축 풍력터번의 구조

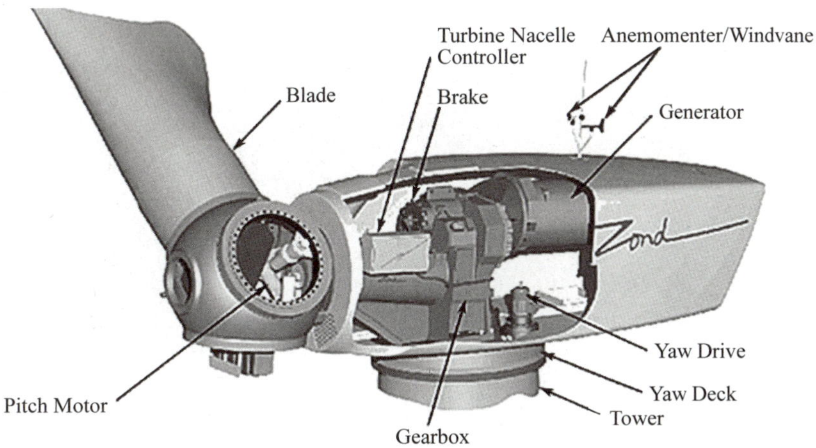

그림 6.13 풍력발전 시스템(기어형)

$$C_p = P/\frac{1}{2}pu_0^3A_1 \text{ 또는 } P = \frac{1}{2}C_p pu_0^3A_1, \tag{6.5}$$

이 값은 터빈 면적 A_1과 동일한 면적을 자유롭게 통과하는 바람 동력의 16/27≃59%이다.

그림 6.14 풍력발전기의 내부 모습 (제주 그로벌 연구소 소재)

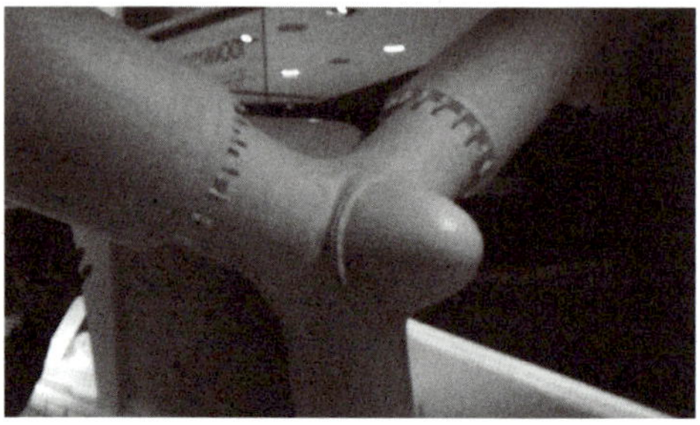

그림 6.15 날개(blade)

그림 6.16 발전장치

그림 6.17 발전기와 축(shaft)

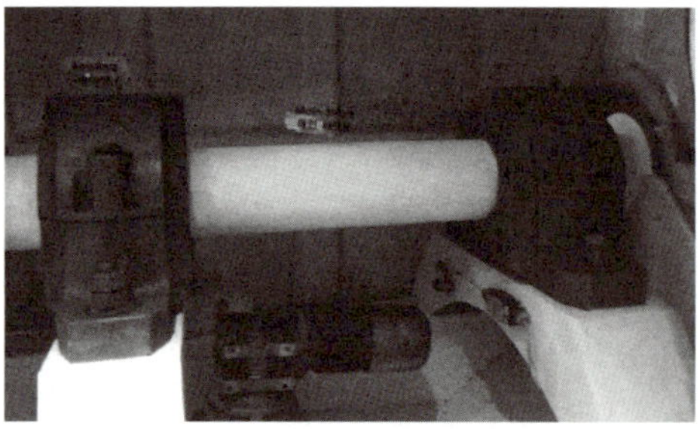

그림 6.18 회전장치를 이어주는 축

그림 6.19 제어장치(blake)

그림 6.20 브레이크 디스크

그림 6.21 대관령 풍력발전 단지

6.4 | 수소를 전기로 바꾸는 도구–연료전지

연료전지란 무엇인가?

연료전지(Fuel Cell)란 전기화학 반응을 이용하여 연료가 가지고 있는 화학에너지를 연소과정 없이 직접 전기에너지로 변환시키는 전기화학 발전장치를 말한다. 원리적으로는 전기분해의 반대개념으로 전기분해는 물을 전기분해하여 수소와 산소로 분해하는 것이지만 연료전지는 수소와 산소를 이용하여 전기를 생산하는 장치이다.

기존의 발전 방식이 연료를 연소시켜 터빈이나 엔진을 구동하는 것과는 달리, 연료에서 직접 전기에너지를 얻기 때문에 무공해이며 높은 발전효율을 얻을 수 있다. 이런 장점으로 인해 획기적인 에너지 효율의 향상을 도모할 수 있어 수력, 화력, 원자력에 이어 제 4세대 발전 기술로 기대되고 있으며, 환경적인 면에서 NOx, SOx 등이 거의 발생하지 않아 지구환경오염을 억제할 수 있는 기술이다.

연료전지가 최근 들어 각광 받는 기술이지만 그 원리는 이미 1839년, 약 160년 전 영국의 William Grove에 의해 밝혀진 것이지만 곧 값싼 화석연료가 이용되면

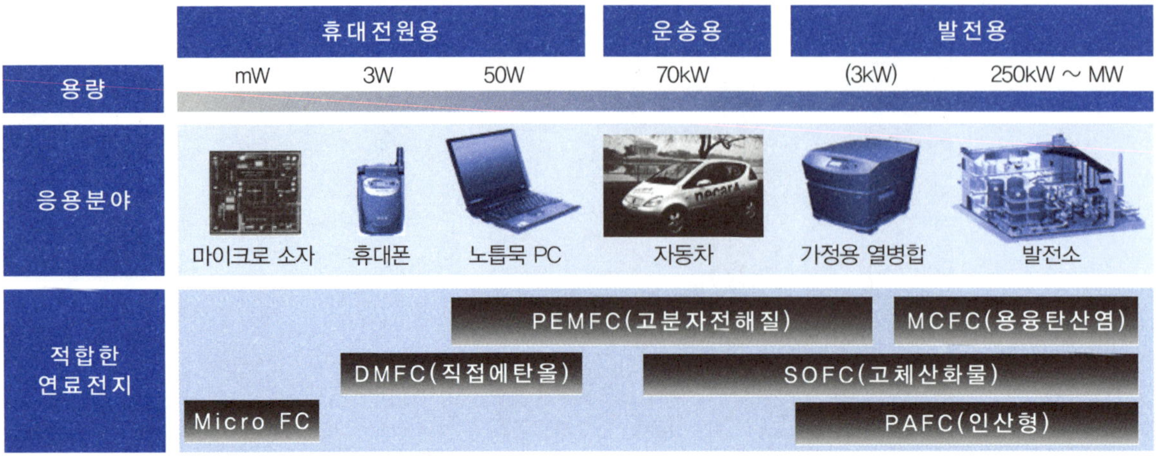

그림 6.22 연료전지의 출력별 사용 용도 및 종류

서 관심이 사라졌다. 1920년대와 1930년대까지 연료전지의 개발에 대해 유의한 진전이 없었다. 1960년대 초반에 NASA는 제미니와 아폴로 우주선 캡슐을 위한 전기를 제공하기 위하여 연료전지를 사용하기로 결정했으며, 이는 연료전지의 한층 더 진전된 개발을 이끌어 냈다. 무탄소 에너지(carbon free energy)와 높은 효율 때문에, 현재 연료전지에 대한 관심이 매우 높다. 연료전지 개발은 전극, 촉매, 전해질을 위해 사용되는 재료에 집중되었다. 어떤 장치들은 액체 전해질들[알카리, 용융탄산염(molten carbonate), 인산(phosphoric acid)]을 사용하는 반면, 다른 장치들은 고체 전해질[양자교환막(proton exange membrane, PEM)과 고체산화물(solid oxide)]을 사용한다.

연료전지의 개발은 처음에는 우주선이나 군사용의 목적으로 시작되었으나 70년대 초의 오일 파동 이후 본격적으로 민수용 개발이 진행되어 오고 있다. 알칼리 연료전지는 1965년 미국의 아폴로 우주계획에서 제미니 3호의 전원으로 채택되어 최초로 실용화되었다. 그 후 1970년대 Du-pont사의 Nafion 전해질막의 개발로 고분자 연료전지의 성능이 크게 향상되었음에도 불구하고 연구가 거의 중단되었다. 그러나 1980년대에 들어서면서 독일의 Siemens가 고분자 연료전지를 잠수함에 적용하기 위해 GE로부터 기술을 도입하고 캐나다의 Ballard가 고분자 연료전지기술을 개발하기 시작하면서 이동용 전원 및 소형 발전 시스템으로 응용하려는 연구가 본

그림 6.23 수소 연료전지 자동차

격적으로 추진되기 시작하였다. 1839년 연료전지가 처음 등장한 이래 지난 150여 년간 인기가 없던 연료전지가 최근 들어 각광을 받게 된 가장 중요한 배경으로는 전 세계적인 환경오염에 대한 우려의 확산과 이로 인한 전력산업 규제강화 추세를 들 수 있다.

미국, 유럽연합, 일본 등의 선진국에서는 Energy Plocy Act(1992), CARB 규정(2003년 무공해 차량 10% 판매 의무화) 및 지구 온난화 방지 교토회의(1997년 12월, 이산화탄소 배출 규제 의무화)등, 날이 갈수록 환경 규제를 가혹하게 적용하고 있다.

또한, 많은 국가들이 경제논리에 의해 전력시장을 개방하는 한편 분산전원에 대해 깊은 관심을 기울이고 있다. 미국 에너지성에 의하면 향후 20년 간 약 20% 정도의 신설 또는 대체 발전설비를 분산형 전원으로 대체해야 할 전망이다. 전력수요 증가에 따라 지속적으로 건설하여야 하는 대용량 발전소의 막대한 시설투자, 부지여건 등을 고려한다면 에너지이용 효율의 혁신적인 향상이 가능하며 공해문제를 해결할 수 있는 새로운 에너지기술의 개발 및 이용은 필연적이라 할 수 있다.

기본원리는 수소와 산소의 전기화학반응으로 전기를 발생시키며 부산물로서 물과 열을 얻게 된다. 연료로 사용되는 수소는 천연가스나 메탄올 등을 변환하여 얻

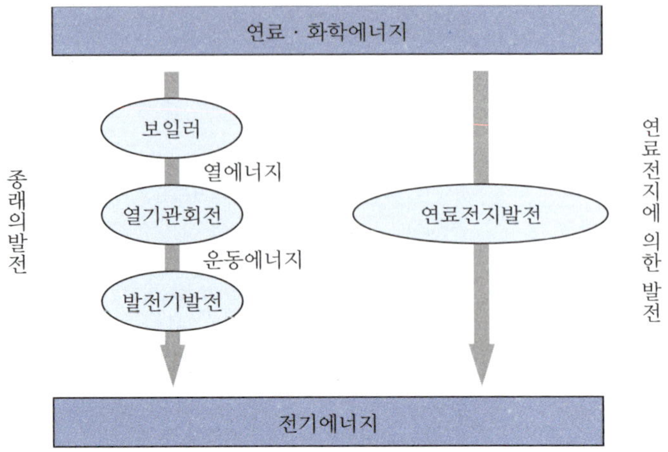

그림 6.24 연료전지에 의한 발전

어지며 산소는 공기를 그대로 이용한다. 연료전지를 이용한 발전은 에너지효율이 70~80% 정도로 화력발전에 비해 두 배 가량 높고, 소음 · 진동은 물론 질소 · 아황산가스 등 환경오염물질도 배출하지 않는다. 이산화탄소 발생량도 화력발전에 비해 60% 가량 적다. 이런 장점들 때문에 무공해 자동차용 동력원으로부터 대형 화력발전 대체용 전원에 이르기까지 다양한 용도로 개발이 진행되고 있다.

에너지 과학의 용어를 사용하면 화석연료를 갖는 화학에너지를 전기에너지로 변환하기 위한 장치라고 할 수 있다. 연료전지는 전기화학반응에 의해 화학에너지에서 직접 전기를 얻는다. 물속에 1쌍의 전극을 넣고 그 사이에 전압을 가하면 +극에서 산소가 발생하고 −극에서 수소가 발생한다. 이것이 물의 전기분해 원리이다. 연료전지는 이와 완전히 반대라고 생각하면 된다. 즉 수소와 산소(공기)에서 전기를 발생시키는 것이다. 단 수소는 지구상에서 단독으로는 존재하지 않기 때문에 보통은 화석연료를 고온이나 촉매를 이용하여 화학반응시키고 반응에 필요한 수소를 만들어 낸다. 이 과정을 연료전지에서는 개질 프로세스라고 부른다. 연료전지의 경우 전기와 동시에 필연적으로 열이 발생한다. 따라서 연료전지는 단순히 발전기로 보지 않고 종종 co-generation(전기와 열을 동시에 공급)용 기기로 이용되며 연료전지와 터빈을 조합시켜 매우 높은 효율의 발전 시스템을 실현시킬 수 있다. 셀의 동작원리는 ① 수소와 공기 중 산소가 전기화학반응에 의해 직접 발전 ② 연료

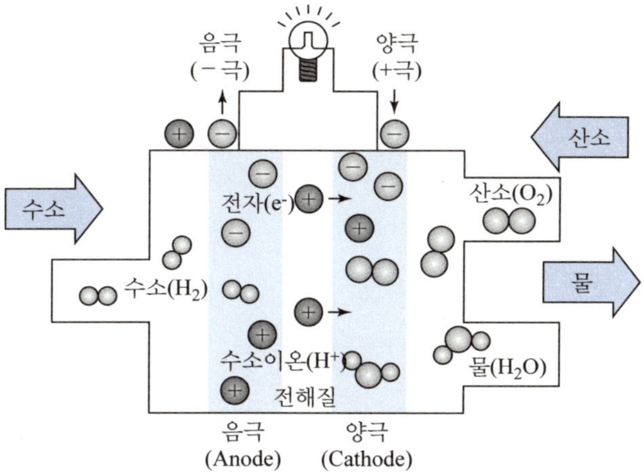

<반응식>
음극 : $H_2 \rightarrow 2H^+ + 2e^-$
양극 : $\frac{1}{2}O_2 + 2H^+ + 2e^- \rightarrow H_2O$
전체 : $H_2 + \frac{1}{2}O_2 \rightarrow H_2O$ + 전류 + 열

그림 6.25 연료전지의 원리

극(양극)에 공급된 수소는 수소이온과 전자로 분리 ③ 수소이온은 전해질층을 통해 공기극으로 이동하고 전자는 외부회로를 통해 공기극으로 이동 ④ 공기극(음극)에서 산소이온과 수소이온이 만나 반응 생성물(물)을 생성한다. 최종적인 반응은 수소와 산소가 결합하여 전기, 물 및 열생성이 된다.

연료전지(fuel cell)는 수소의 형태로 전기를 생산하거나 에너지를 저장하기 위하여 사용될 수 있는 전기화학적인 장치이다. 축전지와 달리 연료전지는 화학물질이 계속해서 공급된다. 그 화학 공급 재료는 수소와 산소로 구성되며, 연료전지는 그것들을 결합시켜서, 즉 전기분해(electrolysis)의 정반대로 물을 만들기 위한 수단으로 작동한다. 두 개의 전극(양극과 음극)이 있고, 그 전극들에서 화학반응들이 일어나며, 촉매(catalyst)가 전극에서의 반응 속도를 높인다. 사실상 공해가 없으며 유일한 부산물은 물이다. 또한, 연료전지는 밀폐 싸이클에서 작동하는 열기관이 아니기 때문에, 연료전지의 효율에 대한 카르노 한계가 적용되지 않는다.

양극판(bipolar plate) 또는 유로판(flow field plate)으로 불리는 분리판(separator)은 고분자전해질 연료전지 스택의 핵심부품으로서 한쪽 면에는 연료극용 가스유로가, 다른 쪽 면에는 공기극용 가스유로가 새겨져 있는 전기전도성 판이다. 분리판은 연료극에서 생성된 전자를 다음 셀의 공기극 쪽으로 전도해주는 집전판 역할을 하며, 전극을 지지해주고, 연료극 및 공기극 쪽으로 각각 연료와 산화제를 공급해주는 통로를 제공해 주는 동시에, 전지운전 중에 생기는 물을 제거해주는 통로 역할을 한다. 분리판에서의 유로형태는 고분자전해질 연료전지의 운전, 특히 산화제로 공기를 사용할 때 아주 중요하며, 유로는 흑연 블럭을 기계적으로 가공하거나 흑연-고분자 복합체를 몰딩하여 제작한다.

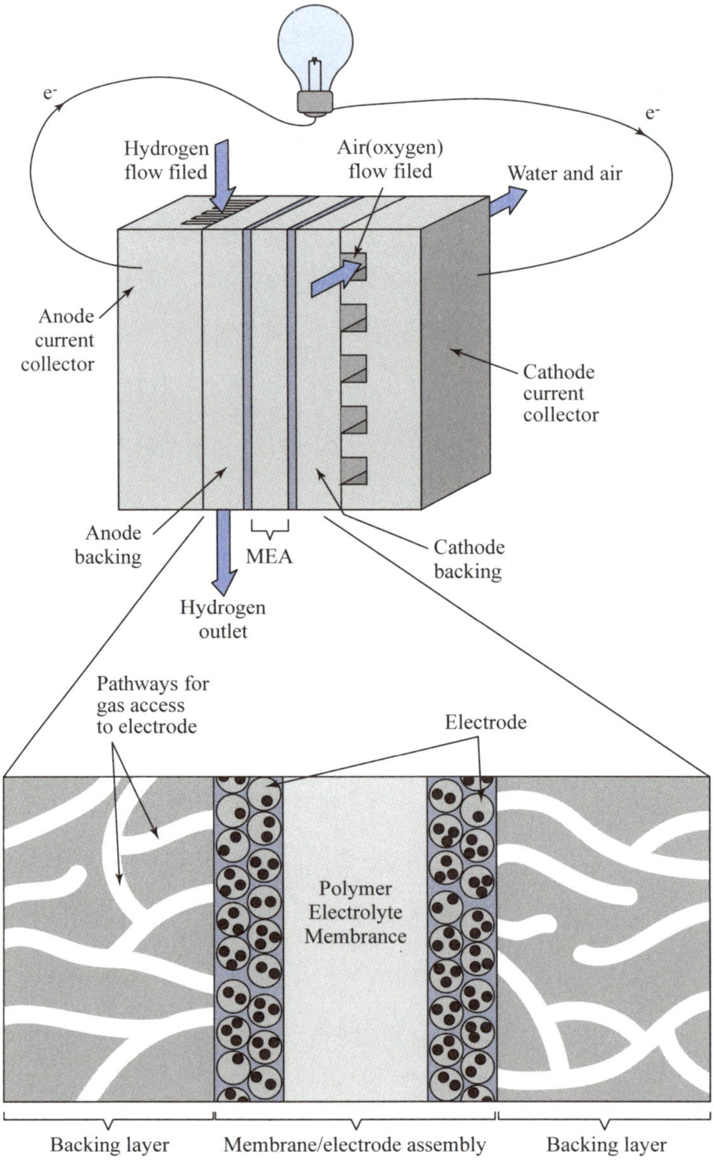

그림 6.26 연료전지의 층(layer) 구조(www.opticsrochester.edu에서 발췌)

연료전지에서 H_2, O_2, H_2O 등 반응물과 생성물의 화학에너지는 'Gibbs 자유에너지(Gibbs free energy)'로 설명한다. Gibbs 자유에너지는 압력 또는 부피 변화에 의한 일 이외에 일로 전환될 수 있는 에너지로 정의된다. 어떤 반응이 일어났을 때 Gibbs 자유에너지의 변화량은 생성물의 Gibbs 자유에너지의 총합에서 반응물의 Gibbs 자유에너지의 총량을 뺀 값이 된다.

$$\Delta Gf = G_f \text{ of product} - G_f \text{ of reactant}$$

생성물 1몰을 기준으로 할 때는 소문자 (gf) 로 표시한다.

예를 들어 수소/산소 연료전지에서 일어나는 물 생성 반응을 보자.

$$2H_2 + O_2 \rightarrow 2H_2O$$

생성물 1 몰을 기준으로 하면 다음과 같다.

$$H_2 + 1/2\ O_2 \rightarrow H_2O \qquad (6.6)$$

반응에 대한 Gibbs 자유에너지 변화는 다음과 같다.

$$\Delta g_f = g_f \text{ of product} - g_f \text{ of reactant}$$
$$= (g_f)\ H_2O - (g_f)\ H_2 - 1/2\ (g_f)\ O_2$$

Gibbs 자유에너지는 온도 및 반응물/생성물의 상태 (기체/액체/고체)에 따라 변화한다.

다른 에너지로의 손실없이 Δg_f가 모두 전기에너지로 변환되면 평형 전지전압 (E)을 얻는다. 그런데 전기에너지는 전하량과 전압을 곱한 값이고, 반응 (3)에 참여하는 전자는 2 몰이므로,

$$\Delta g_f = \text{Electrical energy} = \text{charge} \times \text{voltage} = -2FE$$

여기에서 F 는 Faraday 상수로 1 몰의 전자의 전하량 (96,485 C/mol)이며, 전자는 음의 전하를 띠므로 (−) 이다. 따라서,

$$E = -\Delta g_f / 2F \qquad (6.7)$$

여기에서 F 는 Faraday 상수로 1 몰의 전자의 전하량 (96,485 C/mol)이며, 전자는 음의 전하를 띠므로 (−) 이다.

따라서,

$$E = -\Delta g_f / 2F$$

예를 들어 200°C에서 작동하는 연료전지의 경우 $\Delta g_f = -220.4$ kJ 이므로,

$$E = 22400/2 \times 96485 = 1.14V$$

즉, 평형 전지전압은 1.14 V이다. 그러나 평형 전지전압은 손실이 없는 경우의 전압으로 실제 연료전지에서는 다음 장에서 설명하는 것과 같은 손실에 의해 평형 전압보다 낮은 전압이 얻어진다.

그러나, 손실이 전혀 없는 평형상태에서는 Gibbs 자유에너지가 모두 전기에너지로 변환되므로 연료전지의 효율을 이와 같이 정의하면, 어떤 조건에서도 연료전지의 최대 효율은 100%가 된다. 이에 따라 연료전지의 효율은 다른 방법으로 정의하기로 한다. 전극반응 은 각각의 전극에서 산화반응과 환원반응으로 나뉘어져 진행되면 전기를 생성하지만, 수소와 산소가 직접 반응하면 수소의 연소반응이 된다. 이때는 전기에너지 대신 열에너지가 방출된다. 따라서 수소가 연소하는 경우에 방출되는 열에너지(반응 엔탈피, Δhf)와 연료전지에서와 같이 전기에너지를 비교하여 연료전지의 효율을 정의하는 것도 의미가 있을 것이다. 에너지를 방출하는 반응의 경우 Δh_f 도 Δg_f 와 마찬가지로 음수이므로 연료전지의 효율은 다음과 같이 정의된다. 생성된 전기 에너지는 $-\Delta h_f$으로 주의할 것은 생성물이 액체상태의 물이냐 기체상태의 수증기냐에 따라 Δhf 값이 다르며, 이에 따라 효율 또한 다르게 계산된다는 것이다.

$$H_2 + 1/2\ O_2 \rightarrow H_2O\ (\text{steam}) \quad \Delta h_f = -241.83\ \text{kJ/mol}$$
$$H_2 + 1/2O_2 \rightarrow H_2O\ (\text{liquid}) \quad \Delta h_f = -285.84\ \text{kJ/mol}$$

두 경우에 대한 Δh_f 의 차이는 44.01 kJ/mol 은 물의 기화열에 해당한다. 절대값이 작은 Δh_f 를 lower heating value (LHV), 절대값이 큰 Δhf 를 higher heating

표 6.1 연료전지의 전해질 종류에 따른 특징

종류	고온형		저온형			
	용융탄산염 (MCFC)	고체산화물 (SOFC)	인산형 (PAFC)	고분 자전해질형 (PEMFC)	알카리 (AFC)	직접메탄올 (DMFC)
주원료	천연가스 석탄, 수소	천연가스 석탄, 수소	천연가스 메탄올, 수소 등	천연가스 메탄올, 수소 등	수소	메탄올
전해질	용융탄산염 Li_2CO_3, K_2CO_3 (액체)	고체산화물	인산 H_3PO_4 (액체)	이온전도성 고분자막 (나피온)	수산화칼륨 (액체)	Polymer Membrane
운전온도	600~700℃	700~1,000℃	150~200℃	85~100℃	상온~100℃	25~130℃
문제점	전해질 증발에 따른 운전 성능 저하	세라믹재료 고온 성능 개선 필요	발열에 따른 전지성능 저하	CO에 의한 촉매 부식	CO_2의 경제적 제거 기술필요	다량의 고가 촉매(백금)
기술수준	개발 단계	개발 단계	상용화 단계	개발 및 실증 단계	사용중	개발 및 실증 단계
사용분야	복합, 열병합발전 (25KW~1KW)	복합, 열병합발전 (250kW~1MW)	열병합 (100kW~200kW)	소형전원 (수십 W) 자동차 (수십 W)	잠수함 우주선	소형전원 자동차

- MCFC : Molten Carbonate Fuel Cell
- SOFC : Solid Oxide Fuel Cell
- PAFC : Phosphoric Acid Fuel Cell
- PEMFC : Proton Exchange Membrance Fuel Cell
- AFC : Alkaline Fuel Cell
- DMFC : Direct Methanol Fuel Cell

value (HHV) 라고 하며, 어느 값을 기준으로 효율을 계산했는지 명시되어 있지 않은 경우 높은 효율을 얻기 위해 LHV를 기준으로 계산한 값이다.

손실이 없는 경우 생성되는 전기에너지는 Gibbs 자유에너지 변화량과 같으므로, 연료 전지의 최대 효율은 다음과 같다.

$$\text{최대 효율} = \Delta g_f / \Delta h_f \times 100\ \%$$

현재 연료전지의 전기생산 효율은 40% 내외이며 연료로 사용하는 수소의 생산이 경제성에 가장 중요한 단계로 태양광을 이용하여 수소를 얻고자 하는 기술이 가장 중요한 미래기술의 하나로 꼽히고 있다.

6.5 | 바이오에너지

식물은 태양광으로부터 생장하기 위한 에너지를 얻는다. 기본과정은 이산화탄소와 물이 탄소화합물과 산소로 변환되는 광합성 과정이다. 식물과 다른 동물을 잡아

먹는 동물들과 동식물을 통틀어 '바이오매스'라 한다. 바이오매스나 바이오매스에서 얻어진 물질의 연소는 전 세계 에너지의 중요한 원천이다. 예로 2002년 세계 에너지 필요량의 약 12%를 생산하였다.

에너지와 관련하여 바이오매스는 식물과 동물에서 나온 물질(예: 짚, 통나무, 분뇨, 곡물의 잔여물)을 말한다. 이는 직접적이든 간접적이든 연료로서 쓸 수 있으며 바이오연료라고도 한다. 에너지원으로서 바이오매스의 매력은 탄소 중립적이라는 것이다. 광합성에 의해 CO_2가 전환되어 식물 물질을 만들 때, 바이오매스가 연소하며 배출한 CO_2가 대기에서 미리 제거되기 때문이다. 그러므로 우리는 소모된 바이오매스를 재생시켜, CO_2 배출이 없는 지속 가능한 에너지원을 얻을 수 있을 것이다.

광합성에서 이산화탄소와 물은 산소와 탄수화물(설탕)로 전환된다.

$$CO_2 + H_2O + hv \rightarrow O_2 + [CH_2O]$$

hv가 광양자를 의미하고, CH_2O가 탄수화물을 가르킨다. 생성물은 한 탄소 원자당 약 5eV 이상의 에너지를 생성하는데, 이는 약 16MJ kg^{-1}의 순수 탄화수소화합물에 부합하는 것이다. kg당 에너지의 양은 CO_2가 완전히 산화하여 탄소가 남아 있지 않다고 가정했을 때, 탄소의 산화 정도에 따라 결정된다. 탄수화물은 약 16MJ kg^{-1}이다.

광합성을 할 때, 각각 1.8eV를 띠는 최소 8개의 광자(모두 합하면 14.4 eV 가 약 4.8eV의 에너지를 갖는 탄수화물이 고정된 하나의 O_2분자와 하나의 C원자를 생성하는데 필요하다. 태양빛에서 가시광선 스펙트럼 끝의 붉은색과 푸른색 부분에 해당하는 광자들은 식물 잎의 엽록소 색소에 흡수된다. 그렇기 때문에 초록빛이 잎에 반사되면 더욱 초록으로 보이는 것이다. 잎의 색소분자들은 서로 가까이 붙어 있어, 광자가 전자를 흥분시키면 하방천이하거나 광자를 방출하는 대신 전자는 가까운 분자 쪽으로 이동될 수 있다. 이러한 방법으로 전자의 에너지는 일련의 복잡한 화학반응에서 분자를 생성하는데 쓰이게 되는데, 이를 전자 이동 경로라 부른다. 이 과정의 치대 효율은 약 33%(4.8/14.4)이다. 하지만 태양광선의 파장이 넓기 때문에 단지 태양광자의 약 50%의 에너지만이 광합성에서 흡수될 수 있다. 앞에서부터 손실(약 25%)뿐만 아니라 주로 반사와 투과를 통해 최대 효율은 연구소에서 적정조건 시에 약 12%와 10%에 달한다. 그러나 태양 복사의 약 1/3만이 성장부분에 떨어지기 때문에, 이것에서의 전환율은 더욱 떨어진다. 대략 60%가 바이오매스로 전환되고, 남은 40%는 호흡을 통해 식물을 유지하는데 쓰인다. 이러한 요소들을 곱하면 총 평균 연별 효율성은 약 0.5%FG 예측할 수 있다.

$$\text{효율} \approx (0.12)(0.33)(0.2)(0.6) \approx 0.5\%$$

6.4.1 바이오매스의 변환 기술

화석에너지의 고갈이 심화되고 있는 현 시점에서 바이오매스는 인류가 이용할 수 있는 차세대 에너지원으로 부각되고 있으며 바이오매스를 이용한 에너지 전환 기술 또한 세계 연구자들의 관심 속에서 활발한 연구가 진행되고 있다. 바이오매스를 이용하여 획득 가능한 bio fuel은 우리 주변 환경에서 손쉽게 볼 수 있는 나무 등의 목재를 비롯하여 사탕수수 및 옥수수 등의 발효공정에서 생산되는 바이오에탄올(bio ethanol)과 바이오부탄올(bio butanol), 바이오메탄올(bio methanol) 등의 바이오알코올 계열의 연료가 있으며 동물성 지방이나 식물성 기름의 에스터교환에 의해 생성될 수 있는 straight vegetable oil과 waste vegetable oil 등의 바이오디젤 계열의 연료가 있다.

바이오 알코올이나 바이오 디젤과 같은 액상연료를 생산하기 위해 사용되는 바이오매스는 크게 4가지로 분류할 수 있는데 곡물 · 감자류를 포함한 전분질계와 사탕수수 · 사탕무를 이용하는 당질계, 초본 · 임목 · 볏짚 · 왕겨와 같은 농수산물을 포함하는 셀룰로오스계(목질계)그리고 가축의 분뇨 및 사체와 미생물의 균체를 포함하는 단백질계 등으로 분류할 수 있다. 바이오매스로부터 수급 가능한 가스상 바이오연료로는 음식물쓰레기 등과 같은 폐바이오매스의 혐기성 소화공정에서 획득 가능한 부탄가스가 있다.

바이오연료의 보급 확대를 위하여 미국 등 일부국가에서는 콩과 옥수수 및 사탕수수를 재배하고 있으며 유럽등지에서는 아마씨나 평지씨 등을 재배하여 바이오연료의 생산 및 보급을 점진적으로 증가시키고 있다. 그러나 세계적으로 식량난이 제기되고 있는 현재의 상황에서 식량원으로 이용 가능한 작물들의 바이오연료생산은 세계여론의 부정적 시선을 받고 있다. 따라서 세계 각국의 연구자들은 식량으로 사용되는 열매를 이용한 바이오연료생산에서 벗어나 식량으로 이용되지 않는 비곡물성 식물이나 식량으로 이용되고 폐기되는 식물체의 줄기와 잎 또는 껍질을 이용하여 바이오연료를 획득할 수 있는 신기술 개발에 활발한 연구를 진행하고 있다.

바이오연료는 농업이나 도시 쓰레기 또는 에너지 작물 등 두 개의 주요 공급원으로부터 에너지를 생산해 낸다. 이것은 화석연료에 비해서 KG당 훨씬 낮은 에너지 함량을 가지며, 상대적으로 낮은 밀도를 갖기 때문에 부피를 크게 만들고, 운송비를 증가시킨다. 따라서 에너지 생산의 경제적인 사용을 위해서는 일반적으로 쉽게 접할 수 있는 폐기물이나 공장 잔여물 같은 바이오매스 근원이 필요하다. 이러한 이유로 바이오에너지 생산은 최근 종종 작물 생산과 관련되거나 도시 폐기물과 농업의 유기쓰레기를 버리는 데 유용한 방법이 되고 있다. 하지만 미래의 바이오매스 공급은 버드나무나 지팽이풀 등의 특화된 에너지 작물에 달려 있다. 바이오매스를 충분히 생산해 낼 수 있는 이러한 작물들은 오로지 넓은 경작지를 필요로 한다.

바이오매스의 이용은 다양하다. 우리는 바이오매스가 에너지 생산에 기여할 수 있는 몇 개의 주요한 방법에 초점을 둘 것이다. 이러한 방법들은 화석연료와 대비하면 모두 막대한 지구온난화 가스의 배출을 막을 수 있다.

다양한 신재생에너지 중에서 세계가 주목하고 있는 것은 바이오매스(biomass)로부터 얻어지는 바이오 에너지이다. 일반적인 바이오매스는 단위질량당 부피가 크고 고체상태이므로 사용하는데 제약이 커서 경제적으로 활용가치가 낮다. 따라서 이러한 바이오매스를 생물학적 또는 화학적 변환을 거쳐 사용하기 편리한 즉, 경제성 있는 연료로 만들고자 하는 것이 고부가 바이오 에너지라 정의한다. 바이오연료는 우리가 주위에서 쉽게 획득할 수 있는 바이오매스로부터 생물화학적 공정을 거쳐 생산할 수 있는 바이오가스, 바이오알코올, 그리고 바이오디젤 등의 연료를 말한다. 가장 광범위하게 쓰이는 것 중의 하나는 혐기성균에 의한 유기성 폐기물의 자연부패를 이용하는 것이다. 혐기성 소화는 개발도상국의 난방과 요리에 쓰이고 선진국에서는 조그만 동력장치로 가스를 제공한다.

가장 많이 생산되는 방법으로는 전기와 열을 생성하기 위해 바이오매스를 연소시키거나 가스화하는 방법이 있다. 또한 석유의존연료를 대체하기 위해 바이오매스를 액체 바이오연료로 전환하는 방법 등이 있다. 미국 남북부 지역에는 발효를 통해 에탄올을 대규모로 생산한다. 특히 최근에 유럽에서는 식물에서 기름을 추출하는 방법으로부터 유래된 바이오디젤의 제조가 상당히 증가하고 있다. 우리는 먼저 혐기성 소화가 무엇인지 알아보고, 액체 바이오연료의 생산에 대해 토의하기 전에 연소와 가스화에 대해 살펴볼 것이다.

바이오연료가 수력, 풍력, 지력, 조력, 태양에너지와 같은 재생에너지와 비교하여 보다 많은 관심과 자본투자가 이루어지고 있는 것은 석유를 대체할 수 있는 차세대 에너지원으로 사용될 수 있다는 가능성 때문이다. 실제로 바이오연료 중 하나인 바이오부탄올은 발열량에 있어서 석유(45,000~47,000 KJ/Kg), 석탄(34,000 KJ/Kg), 천연가스(55,000 KJ/Kg) 등에 비해 손색이 없으며 이동성 및 저장성에 있어서도 기타 신재생에너지에 비해 수월하다는 장점을 가지고 있다. 더욱이 수력, 풍력, 조력발전을 이용한 에너지수급을 위해서는 수량이 풍부하고 조수간만의 차가 큰 지리적 특성을 갖는 곳에 적용이 가능하며 태양력발전을 위해서는 그리스처럼 일조량이 풍부하고 일조량의 변화 격차가 극심하지 않는 지역에 적절한 에너지수급기술일 것이다. 재생에너지기술은 환경 친화적이며 영구적인 에너지수급기술임에 반해 지리적, 계절적 영향을 받는다는 취약점을 가지고 있다. 그러나 바이오매스를 이용한 바이오연료의 수급은 생물학적 프로세스를 거쳐 생산되그러나 바이오매스를 이용한 바이오연료의 수급은 생물학적 프로세스를 거쳐 생산되어지기 때문에 지리적 · 계절적 장애요인에 구애받지 않을 뿐만 아니라 소요부지 및 시공에 있어서도 제약사항이 뒤따르지 않는 장점이 있다.

바이오매스로부터 액체 바이오연료의 주요 생산과정은 다음 그림에 요약되어 있다.

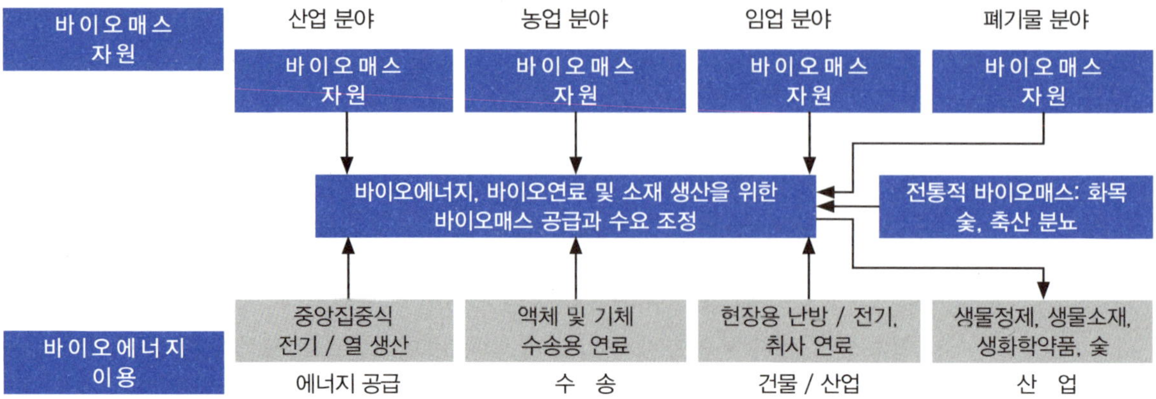

6.27 바이오자원과 이용수단

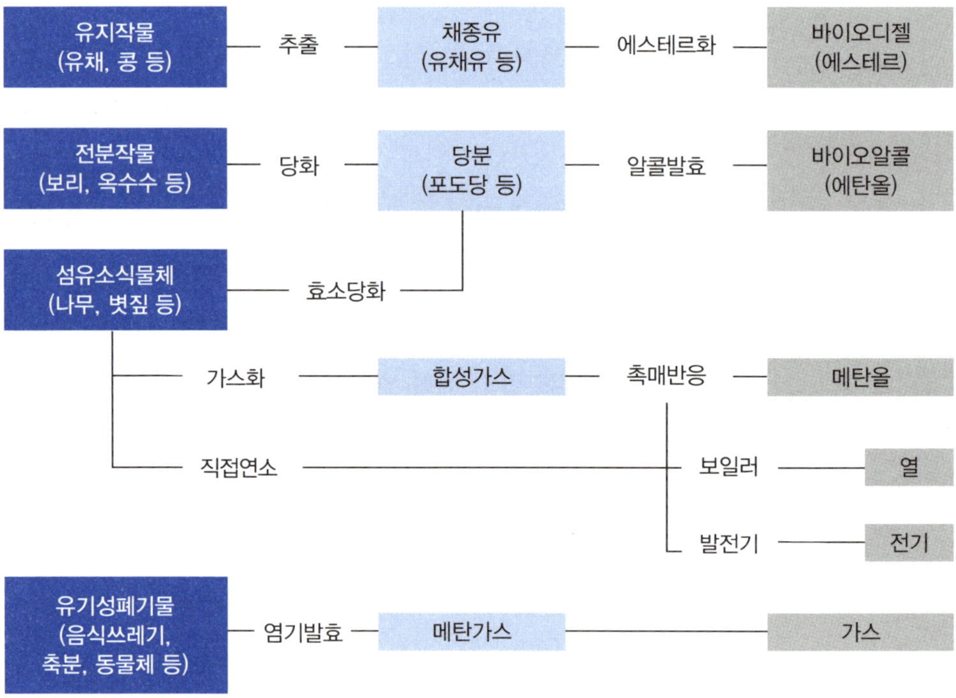

6.28 바이오매스의 전환 경로

바이오 가스

혐기성소화처리란 음식물 쓰레기, 폐지, 음폐수 등과 같은 폐바이오매스를 혐기성 상태에서(무산소 상태) 생물학적으로 처리하여 메탄가스를 생산하는 기술로서 산물로 메탄 50~70%, 이산화탄소 30~40% 그리고 기타 미량가스 1%가 배출된다. 생성된 메탄은 전력생산 및 난방 등에 직접이용 가능하며 메탄개질로 얻은 수소는 연료전지 형태로 미래 에너지로서 활용 가능하다.

- 액화가수분해단계: 고형상의 유기물질(탄수화물, 단백질, 지질, 리그닌 등)이 최종적으로 대사되기 위해 먼저 물에 의해 액상화 된 후, 가수분해효소에 의해 저분자물질이 되며 세포에 의하여 섭취된 후 이화 및 동화작용을 거쳐 아미노산, 당류, 지방산이 되는 과정이다.
- 유기산 생성단계: 아미노산, 당류, 일부 지방산은 더 분해되어 수소, 이산화탄소와 함께 아세트산, 프로피온산, 부틸산과 소량의 발레르산이 생성되며, 부틸산은 더 분해되어 메탄생성의 전구물질인 수소, 이산화탄소, 아세테이트를 생성한다.
- 메탄 생성단계: 메탄성 세균이 아세트산, 수소, 이산화탄소, 포름산, 메탄올 등을 직접 기질로 이용하고 그 외의 지방산과 알콜 등은 비 메탄미생물과 메탄 세균의 협력 하에 메탄과 이산화탄소로 전환되는 과정으로 메탄생성세균은 약하고 증식속도가 느리므로 온도, pH 등의 조건을 적합하게 안정시키는 것이 중요하다.

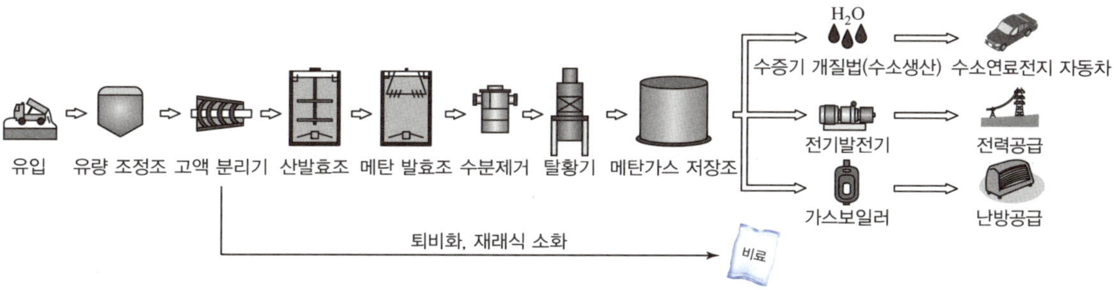

유량 조정조	고액분리기	산발효조	메탄 발효조	수분제거	탈황기
• 유량과 수질의 균등화를 통해 과부하 방지	• 고형분과 액체를 분리 • 고형물은 퇴적, 발효로 퇴비화 시킴	• 혐기성 소화전 단에 유기산을 생산	• 메탄생산균에 의해 메탄이 생산되며 pH (6.5~7.5)와 온도(중온,고온) 조절이 중요	• 100에 가까운 상대습도를 가진 바이오 가스에 의한 관로 냉각 방지	• 유해물질인 황화수소 및 황화합물의 농도를 10ppm 이하로 감소

6.29 혐기성 소화에 의한 바이오가스(메탄) 생산기술

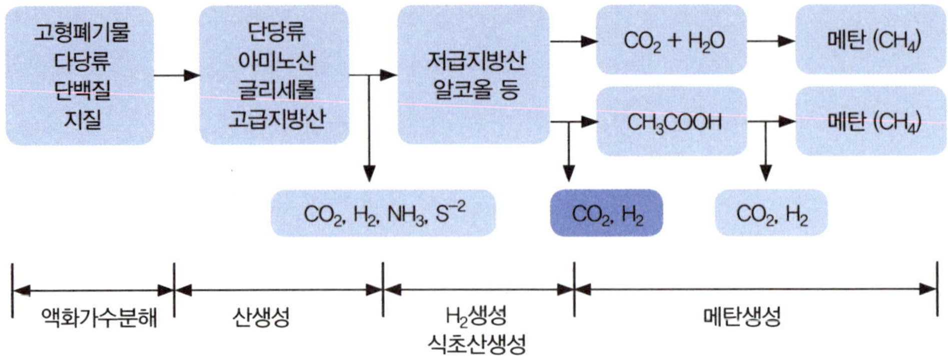

6.30 혐기성 소화에 의한 유기물의 분해단계

바이오 수소 전환 공정

메탄으로부터 수소를 생산하는 방법인 수증기 개질법을 이용하여 바이오매스로 생산된 합성가스(메탄)로부터 수소를 얻는 양을 높이기 위해 고온의 수증기와 반응시켜 수소를 얻는다. 수증기 개질법은 높은 온도에서 물과 메탄과 반응하여 CO와 H_2를 생산하는 것을 말하는데 이러한 CO와 H_2 가스를 합성가스(synthetic gas)라 한다.

발생된 메탄가스는 직접적으로 열병합 발전기에 공급하여 전력과 주변 농가에 활용할 수 있는 온수를 생산하거나 메탄 개질로 얻은 수소는 수소 연료전지 자동차의 수소 연료전지 양산기술의 확보에 도움이 될 것이라 예상한다.

합성가스(synthetic gas)는 메탄발효가 용이하지 않은 유기성 폐바이오매스를 고온, 고압하에서 열분해하여 H_2, CO, CO_2, CH_4 등의 혼합가스를 생성하는 기술이다. 합성가스 생산공정을 통해 생성된 합성가스는 물리화학적 · 생물학적 전환을 통하여 상업적, 경제적 부가가치가 큰 수소, 전기, bio-chemical로 전환된다. 폐바이오매스로부터의 syngas의 수율은 약 70~75% 이며 그 중 CO는 30%, H_2는 20%, CO_2는 33%, CH_4는 10% 정도이다.

열분해공정은 가스화 용융로와 슬래그 배출설비를 바탕으로 바이오매스를 800~1800℃, 20~30기압에서 열분해하여 합성가스 생산하는 가스화 과정이며, 이를 위해서는 폐바이오매스를 건조시키고 분쇄시키는 전처리 과정이 선행된다.

열회수공정: 폐열회수 보일러와 공기예열기 설비를 바탕으로 가스화시 발생된 고온(1200~1500°C)의 합성가스에서 열을 회수하는 공정이다.

오염물질제거 공정: 합성가스 내에 섞여있는 여러 불순물 중에서 특히 황 성분과 이산화탄소 또한 미세입자 등을 제거하는 공정으로 폐수처리설비, 증발농축기, 습식세정설비와 같은 시설이 필수적이다.

합성가스(Syngas) 전환기술

고농도 수소 전환기술은 바이오매스를 고온에서 반응시켜 얻어진 합성가스는 CO, CO_2, H_2로 구성되는데 여기에 포함된 일산화탄소를 다시 수증기와 반응시켜 (water gas shift reaction, WGS) 고농도의 수소를 생산하는 기술이다.

$$CO + H_2O \leftrightarrow CO_2 + H_2$$

생물학적 전환기술을 이용하여 Syngas로부터 다양한 bio-chemicals을 생산할 수 있는 기술로서 생성물로 수송연료로 쓰일 수 있는 bio ethanol, bio butanol 및 다양한 chemical 전구물질로 사용될 수 있는 acetate, butyrate, acetone 등이 생산된다. 합성가스는 별도의 정제공정과 농축공정이 필요 없이 생물학적 방법으로 유기산과 에탄올로 전환할 수 있다. 이런 생물학적 C1 화학은 상온 상압에서 일어나기 때문에 촉매화학공정보다 운전비와 시설유지비의 측면에서 유리하다. 미생물이 가스중의 황 화합물에 전혀 저해를 받지 않고, CO 이외에 가스 중에 포함된 H_2 또한 CO_2와 함께 미생물의 기질로 작용할 수 있다.

수소 및 chemical 이용기술

수소 이용이 가장 필요한 곳은 연료전지 분야이다. 적절한 정제공정을 거쳐서 생산된 H_2는 연료전지(Fuel cell)를 이용하여 전기에너지로 전환되거나 수소연료 자동차의 동력으로 사용된다. 연료전지는 반응 생성물로 물이 배출되는 청정에너지 발전 장치이며 연료의 화학적 에너지를 전기 에너지로 직접 변환하므로 효율이 높다는 장점이 있어서 석유 기반 에너지 문제를 해결할 수 있는 방안으로 전 세계

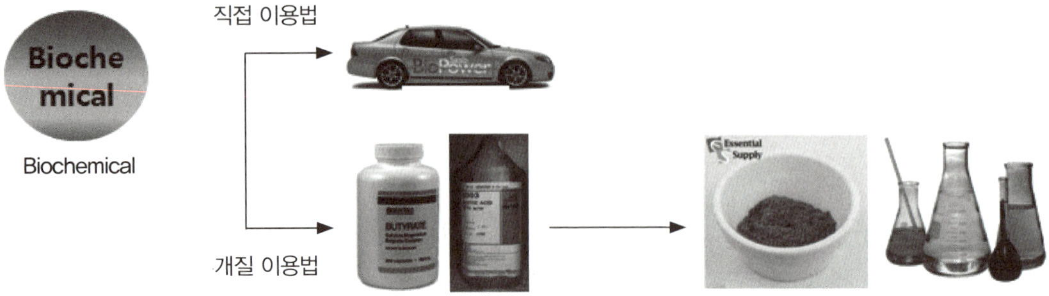

6.31 Biochmical 이용기술

적으로 기술 개발에 박차를 가하고 있다.

기존의 식용작물 발효공정으로 생산된 bio ethanol의 문제점을 보완하기위해 비식용작물의 가스화공정기술을 이용한 bio ethanol, bio butanol 생산이 각광받고 있다. 바이오연료(bio fuel)는 현재 많은 나라에서 적정비율로 석유와 함께 섞어 운송 · 수송 수단의 연료로 사용한다. 이 공정에서 생산된 유기산 즉 butyrate와 acetate는 향신료와 같은 화합물의 원료로 사용이 되며, 화학제품 생산의 전구물질로 이용된다.

6.6 | 지열에너지

6.6.1 지열에너지 개요

일반적으로 지열에너지(지열)란 지중(토양, 지하수, 지표수 등)이 태양 복사에너지나 지구내부의 마그마 열에 의해 보유하고 있는 에너지를 의미한다. 태양 복사열은 지구에 도달하는 전체 복사에너지 중 약 47%를 차지하며, 대체로 특정 깊이의 지중 열은 연중 일정한 온도를 유지하고 있다. 이러한 지열 에너지는 지표면으로부터의 깊이에 따라 천부지열(shallow geothermal)과 심부지열(deep geothermal)로 구분된다. 천부지열의 온도는 지형과 지역에 따라 다소 차이가 있지만 대략 10~20°

C 정도이며, 심부지열은 40~150°C 이상의 온도를 보인다. 지열 에너지를 활용하는 측면에서 보면, 직접이용(direct use)과 간접이용(indirect use) 기술로 분류할 수 있다. 지열에너지의 직접이용은 말 그대로 땅 속의 중 · 저온 에너지(10~20°C) 를 열펌프(heat pump)나 냉동기와 같은 에너지 변환기기의 열원으로 공급하여 건물 냉난방, 각종 건조 산업, 도로 융설(snow melting), 온천, 양식업 및 시설영농, 지역 난방 등에 활용하는 기술을 의미한다. 반면, 간접이용 기술은 앞서 언급한 심부지열 중 대략 80°C 이상의 고온수나 증기를 끌어올려 전기를 생산하기 위한 지열발전(geothermal power plant)에 활용하는 기술을 일컫는다. 현재 국내에서 지열 기술이라고 하면, 주로 천부지열을 이용하여 건물을 냉난방하거나 온수를 공급하는 지열 열펌프 시스템(geothermal heat pump systems) 기술로 한정하는 경향이 있다. 이는 국내에서 지열 에너지의 활용에 있어서 다양한 분야에 당장 적용할 수 있는 기술력의 부재와 함께 상대적으로 인프라가 잘 구축된 공조 · 냉동 산업에 지열 에너지를 연계하는 것이 비교적 쉬웠기 때문이다. 물론 지열 에너지의 직접이용 방식에서 가장 큰 부분을 차지하는 분야는 지열 열펌프 시스템이다. 이는 지열 에너지의 국가별 이용 통계나 세계의 이용 현황에서도 나타난다.

지열 열펌프 시스템은 크게 지중열교환기(ground heat exchanger 또는 borehole heat exchanger)와 열펌프로 구성된 냉난방 겸용 시스템이다. 즉, 냉방 시에는 건물 내의 열을 지중으로 방출하고, 난방과 급탕 시에는 지중의 열을 실내와 온수에 공급함으로써 하나의 시스템으로 공간 냉난방과 온수 · 급탕을 동시에 구현할 수 있다. 냉방과 난방 모드에서 각각 냉열원(heat sink)과 온열원(heat source)의 역할을 하는 지중 온도는 연중 안정적이기 때문에 지열 열펌프 시스템은 높은 효율과 우수한 성능을 갖는다. 따라서 기존 냉난방 설비나 공기열원 열펌프 시스템과 비교했을 때, 효율이 높고 성능이 우수한 시스템으로 알려져 있다[미국 에너지성, DOE(2001)].

일반적으로 신재생 에너지를 이용하는 시스템은 기존 설비에 비해 초기 투자비가 많이 소요되는 단점이 있다. 이러한 특성은 지열 냉난방 시스템에서도 유사하게 나타난다. 이는 지열 시스템의 초기 가격 경쟁력을 약화시켜 보급 활성화에 걸림돌로 작용한다. 하지만 에너지 이용 효율과 시스템 성능 면에서 기존 설비보다 우수하기 때문에 전체 생애주기(life cycle) 동안 발생하는 경제적 이익은 기존 냉난방 설비보다 지열 시스템에서 더욱 크게 나타난다.

외국에서는 1970년대 1차 석유파동 이후, 지열 에너지가 건물 냉난방 에너지원으로서 매우 뛰어난 활용가치가 있다는 점을 인식하고, 일반 주거용 건물과 상업용 건물, 학교, 공공시설, 군부대 등에 다양한 종류의 시스템을 설치하고 있다. 우리보다 에너지 사정이 좋은 미국이나 유럽 각 국에서 지열 에너지를 적극적으로 활용하기 위한 요소기술과 초기 투자비 절감을 위한 기술 개발에 많은 투자를 하고 있다는 점은 시사하는 바가 크다. 이에 반해, 국내에서는 대체 열원에 대한 관심 부족, 기존 냉난방 설비에 비해 상대적으로 큰 초기 투자비 등 다양한 원인 때문에 지열 시스템이 적극적으로 보급되는 데 어려움을 겪었다. 하지만 정부에서 설치자금 지원제도 등을 정비하고, '공공기관 설치의무화제도'나 '일반보급보조사업' 그리고 '지방보급사업' 등을 지속적으로 추진함으로써 시스템 설치 사례가 해마다 증가하고 있다. 더불어 정부와 산 · 학 · 연이 연계하여 보급 활성화와 기술개발에 많은 노력을 기울이면서 관련 업체와 기술 인력도 꾸준히 증가하고 있는 추세다. 굳이 최근의 고유가 정세가 아니더라도 대표적 화석 에너지인 원유의 수입가격은 앞으로도 지속적으로 상승할 것으로 예상된다. 또한 기후변화협약 시행에 따라 화석 에너지의 사용 양상은 과거와는 크게 다를 것이다. 이러한 상황을 볼 때, 지열 열펌프 시스템을 비롯하여 각종 지열 에너지 활용 기술을 적극적으로 보급하고 아울러 보급 활성화에 필요한 기술개발에 많은 투자가 있어야 할 것이다.

지열발전

지열발전(地熱發電, geothermal power generation)이란 시추공을 통하여 지하에 저류되어 있는 지열 유체를 분출시키거나 물을 주입시켜 고온의 물이나 수증기를 뽑아낸 후, 그 열에너지를 전기에너지로 변환하는 발전방식이다. 지열 시스템은 냉난방 겸용 시스템이기 때문에 기존 설비나 다른 신재생 에너지 이용 시설에 비해 우수한 경제성을 갖는다. 다양한 종류의 지열 열펌프 시스템 중, 현재 국내외에서

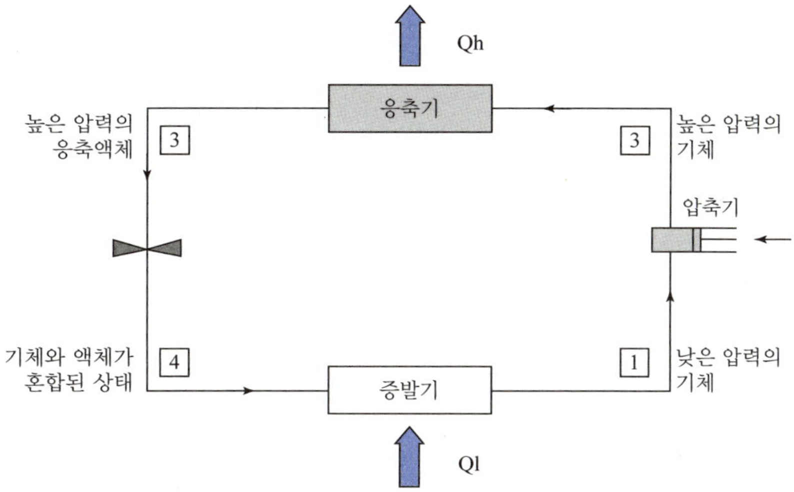

6.32 히트펌프의 개념도

주를 이루고 있는 지열 시스템은 지중 토양(ground)의 에너지를 활용하는 토양열원 열펌프 시스템(ground-coupled heat pump systems)이다.

지열 열펌프 시스템은 분류 방식에 따라 개방형 시스템(open-loop system)과 밀폐형 시스템(closed-loop system)으로 분류된다. 개방형 시스템은 지하수나 지표수를 직접 순환시키기 때문에 효율은 높지만, 지하수나 토양 오염문제 등을 야기할 수 있다. 반면 밀폐형 시스템 은 다양한 용량으로 시공할 수 있지만 초기 투자비와 효율 면에서 개방형 시스템보다 다소 떨어지는 단점이 있다.

지열 열펌프 시스템은 일반적으로 토양열원 열펌프, 지하수열원 열펌프(ground water heat pump), 지표수열원 열펌프(surface water heat pump) 그리고 하이브리드 지열 열펌프 (hybrid ground source heat pump) 시스템 등으로 구분된다.

맺음말

원고를 쓰고 나니 어설픈 지식의 한계를 느낀다. 과학의 창이란 거대한 주제를 꺼낸 것이 후회도 된다. 아무쪼록 과학에 대한 흥미를 느끼게 하는데 조금이라도 보탬이 된다면 하는 바램으로 초판을 마친다. 이제 시작이라는 마음으로 지면을 더해가고자 하며 여러 독자들이 조언을 해주었으면 하는 바램도 가져본다.

동양과 서양을 막론하고 자연을 바라보는 선인들의 마음은 경이로 가득하였으며 그 원형을 알고자 하는 마음이 절실하였다고 생각한다. 자연을 있는 그대로 바라보고자 하는 마음을 다시 가슴에 새겨본다.

성철 스님이 하신 말씀대로 '산은 산이고 물은 물이다.' 자연의 그 자체를 이해하고자 하는 노력, 그러한 마음가짐이 과학자로서의 태도라 생각한다. 인간은 과학을 통하여 방대한 지식과 기술을 발전시키면서 그 가속도를 더해가고 있다. 지난 1세기에 이루어진 과학기술의 발전은 우리생활과 사고에 지대한 변화를 주었다. 그러나 과학자가 되고자하는 청소년은 갈수록 줄어드는 것 같아 안타까운 심정이다. 아마도 과학이라는 단어가 무언가 복잡하고 알기 어려운 것으로 비추어지기 때문은 아닐까? 보다 쉽고 재미있는 과학이 절실한 시대이다.

융합교육과 창의교육을 지향하는 이 시대에서 과학이 차지하는 부분은 날로 커지는데 실제 교육현장에서는 학생들에게 공부에 대한 피로도만 가중시키지 않는가라는 자책도 많이 해보았다. 고등학교 교육을 받고 대학에 진학한 자연계열 학생들은 점점 복잡해지는 전문지식을 이해하기에 벅차하고 있다. 보다 근본적인 과학에 대한 교육이 필요한 때라고 생각하면서 글을 마친다.

참고문헌 및 추천도서

뉴턴 하이라이트- 이온과 원소, 희소금속 희토류 원소, 뉴턴코리아, 2012년 출판

사물의 핵, 브기테 뢰틀라인 원작, 육혜원 옮김, ㈜자음과모음, 2010년 출판

원소의 새로운 지식, 사쿠라이 히로무 편저, 김희준 옮김, 아카데미서적, 2002년 출판

일반화학 Ⅰ, Ⅱ, Kotz, Treichel, Weaver 원작, 일반화학교재편찬위원회, ㈜북스힐, 2012년 출판

청소년을 위한 서양철학사, 박해용, 두리미디어, 2002 출판

찾아보기

ㅇ

ㅈ

ㅊ

ㅋ

ㅌ

ㅍ

ㅎ

기타

저자 : **이인화**

- 고려대학교 화학공학과 졸업
- 1990년 고려대학교 공학박사
- 1994~1996년 미국 스탠퍼드대학교 방문교수
- 현) 광주 환경운동연합 공동의장
- 현) 국제기후센터 이사
- 현) 조선대학교 환경공학과 교수

과학으로 세상보기 정가 13,000원

발 행 2016년 9월 10일 초판 1쇄
저 자 이인화
발행인 정우용
발행처 도서출판 **동화기술**
경기도 파주시 광인사길 201(문발동, 파주출판도시)
Tel (031)955-4211~6 donghwapub@nate.com
Fax (031)955-4217 www.donghwapub.co.kr
(등록) 1977년 12월 19일/9-16호

ISBN 978-89-425-9100-8